美丽乡村

四川地区乡村振兴规划案例选编

张效春　张逸品　著

人民日报出版社

图书在版编目（CIP）数据

美丽乡村：四川地区乡村振兴规划案例选编 / 张效春，
张逸品著. — 北京：人民日报出版社，2022.8
ISBN 978-7-5115-7407-7

Ⅰ.①美… Ⅱ.①张… ②张… Ⅲ.①乡村规划—案
例—四川 Ⅳ.①TU982.297.1

中国版本图书馆CIP数据核字（2022）第118898号

书　　名：美丽乡村：四川地区乡村振兴规划案例选编
　　　　　MEILI XIANGCUN:SICHUAN DIQU XIANGCUN ZHENXING
　　　　　GUIHUA ANLI XUANBIAN
著　　者：张效春　张逸品
出 版 人：刘华新
责任编辑：朱小玲
版式设计：九章文化
出版发行：人民日报出版社
社　　址：北京金台西路2号
邮政编码：100733
发行热线：（010）65369509　65369527　65369846　65369512
邮购热线：（010）65369530　65363527
编辑热线：（010）65363486
网　　址：www.peopledailypress.com
经　　销：新华书店
印　　刷：北京旺都印务有限公司
法律顾问：北京科宇律师事务所　010-83622312

开　　本：710mm×1000mm　1/16
字　　数：290千字
印　　张：17.5
版次印次：2022年8月第1版　　2022年8月第1次印刷
书　　号：ISBN 978-7-5115-7407-7
定　　价：68.00元

乡间小路上的振兴梦

民族要复兴，乡村必振兴。十二年来，我常常满怀梦想走在巴蜀乡间的小路上。我热爱这片故土，想让它变得更美更宜居，人民生活更幸福、更安居乐业。乡村振兴必须在党的领导下才能实现。党的十八大以来，党中央坚持把解决好"三农"问题作为全党工作重中之重，统筹推进工农城乡协调发展，出台一系列强农惠农政策，实现了农业连年丰收、农民收入持续提高、农村社会和谐稳定。农业农村形势好，为经济社会发展全局提供了基础支撑。同时要清醒地看到，当前我国最大的发展不平衡是城乡发展不平衡，最大的发展不充分是农村发展不充分。农业发展质量效益和竞争力不高，农民增收后劲不足，农村自我发展能力较弱，城乡差距依然较大。要采取超常规振兴措施，在城乡统筹、融合发展的制度设计和政策创新上想办法、求突破。

十多年来，我们针对不同地区的特点，注重产业融合、乡村建设、综合改革、分类指导、生态保护，编制了40多个统筹城乡、推动乡村建设的规划案例，这次从中精选出9个案例结集成书。

这9个精选的案例虽各有特色，但也体现了乡村振兴所要遵循的几个普遍性规律。

强化产业融合，提升农业核心竞争力。产业振兴既是乡村振兴的关键，也是首要任务。乡村振兴项目的规划，要强调放大周边城市的市场优势和空间优势，统筹城乡产业、技术、资金、信息等资源，加快培育新产业、新业态、新动能，促进一、二、三产业深度融合与高质量发展。

强化乡村建设，打造特色美丽乡村。乡村振兴项目的规划要注重持续深化农村人居环境整治。深挖乡村文化内涵，通过村庄风貌管控与传统村落保护，打造一批功能现代、安全环保、与自然环境高度融合并彰显乡土特色的美丽村庄。要搞好乡村基础设施与公共服务体系建设。持续推进乡村水、电、气、暖、路等基础设施改造提升，打造数字信息服务平台。促进城乡融合互动发展。加快形成以城带乡、以乡促城、融合互动的新型城乡关系。

强化综合改革，带动农民持续快速增收。乡村振兴项目的规划目标是要带动农民持续增收致富，使农民有更多的获得感、幸福感、安全感。我们在编制规划时，围绕项目地的周边城区市场需求，引导农户不断优化农产品结构，提升农产品品质。拓展农业多种功能，延长产业链、提升价值链，鼓励有能力有条件的农户发展田园观光、农耕体验等业态，增加经营性收入。

强化分类指导，推动精准施策与落地实施。各地自然地貌、乡区位条件、功能定位、所处阶段、发展类型等不尽相同。我们在做项目规划编制时，顺应发展规律，科学把握乡村差异性特征，因地制宜、精准施策、梯次推进。如在编制乡村振兴规划时，要明确项目地的发展目标与任务。同时，注重示范的带动作用。如选择一批基础较好、条件成熟并具有代表性的村庄，作为乡村振兴示范点，在农村改革、城乡要素流动、公共服务等领域赋予先行先试的权利，探索可复制可推广的经验做法。

坚持人与自然和谐共生，推进乡村生态文明建设。项目规划的编制注重对乡村生态的保护和环境的治理。例如：鼓励和支持农业生产者采用节水、节肥、节药、节能等先进的种植养殖技术，推动种养结合、农业资源综合开发，优先发展生态循环农业；积极采取措施加强农业面源污染防治，推进农业投入品减量化、生产清洁化、废弃物资源化、产业模式生态化；农村住房设计体现地域、民族和乡土特色，鼓励农村住房建设采用新型建造技术和绿色建材，引导农民建设功能现代、结构安全、成本经济、绿色环保、与乡村环境相协调的宜居住房；杜绝将污染环境、破坏生态的产业、企业向农村转移，将城镇垃圾、工业固体废物、未经达标处理的城镇污水等向农业农村转移；采取措施，推进废旧农膜和农药等农业投入品包装废弃物回收处理，推进农作物秸秆、畜禽粪污的资源化利用，严格控制河流湖库、近岸海域投饵网箱养殖；等等。

实现乡村振兴，关键在党。2019年8月实施的《中国共产党农村工作条例》，为加强党对乡村振兴工作的全面领导提供了根本遵循。

本书是我倾十多年心血之作，所选乡村振兴案例厚植生态底色，突出发展特色，彰显乡村本色。希望本书的出版能对当下各地推动乡村振兴，贯彻创新、协调、绿色、开放、共享的新发展理念，走中国特色社会主义乡村振兴道路，促进共同富裕有一点借鉴意义。

笔　者

二○二一年于成都杜甫草堂浣花溪畔

全域清江　统筹城乡
——成都市金堂县清江镇发展规划

梦幻山水　魅力银江
——攀枝花市东区银江镇统筹城乡发展规划

都市花园　魅力花城
——绵阳市安州区花荄镇两化互动、统筹城乡产业策划暨发展规划

统筹城乡　产村相融
——绵阳市游仙区柏林镇新农村示范片区发展规划

咫尺生态　探月戏水
——眉山市仁寿县汪洋镇上游村体验农业乡村旅游生态园发展规划

锦绣梓州 印象三台
——绵阳市三台县统筹城乡示范区策划暨发展规划

茶海花乡 国茶长卷
——雅安市成雅快速通道中国茶海花乡产业带策划暨发展规划

太和布谷 宜居乡村
——成都市天府新区乡村振兴太和布谷之家策划暨发展规划

.

营山稻香　天下粮仓
——南充市营山县创建省级粮油现代农业园区策划暨总体规划

全域清江 统筹城乡

——成都市金堂县清江镇发展规划

（规划编制时间：2010年）

第一节　项目概况

一、区位环境

清江镇隶属于四川省成都市金堂县，位于金堂县西北端，距县城9公里，毗邻广汉、青白江，连接成南、成绵高速公路，交通四通八达，是城北门户，在成都半小时经济圈内。2004年被县委、县政府列为"2+5+1"示范小城镇。全镇面积20.42平方公里，集镇面积2.4平方公里，人口2.4万余人，其中农业人口2.1万余人，辖4个村，1个社区。是全县唯一的自流灌溉平坝乡镇，也是全省首批100个试点小城镇之一。镇域地处海拔440~450米，属成都冲积平原，土壤肥沃，气候温和，水源丰富，北河、中河穿越全境。农业作物主要盛产水稻、小麦，"清江"牌大米闻名遐迩。经济作物主要以食用菌、蔬菜为主，是全国食用菌生产基地先进乡镇之一。

二、田园资源

清江田园风景优美，浑然天成。据《金堂县志》记载，清江地处川西平原与川中丘陵交换地带，成都平原东北，青白江、绵远河自北而南流过，为自流灌溉区域。境内气候温和，四季分明，降水丰沛；镇域地势平坦，葱葱林盘点缀，耕地田园遍布，阡陌纵横交错，一派田园胜景。

三、水系资源

清江水系天造地设。北河、中河夹峙清江而过，沿河两岸绿草茵茵。北

河宽阔刚毅，乡村风光旖旎；中河蜿蜒妩媚，碧水娴静缓流。全景俨然一幅
"城在水中座，水在城中流；城在林中长，林在城中现"美图。

四、产业资源

清江产业依托当地优质生态环境，具有地域特色。北河、中河流过清江
镇境内，清江镇水系发达，出产生态鱼。清江镇优秀的传统农耕文化厚重，
乡风文明。村民自强不息、创新、勤劳的精神代代相传。食用菌种植历史久
远。清江镇土壤肥沃，气候温和，水源丰富，是金堂县重要的粮食产区。"清
江"牌大米誉满川西平原。

五、项目规划总述

"全域清江·统筹城乡"项目占地总面积约21.33平方公里。成都金堂县
清江统筹城乡发展建设有限公司项目用地约4700亩，总投入预计90亿元。

第二节　项目规划理念与思路

一、项目规划理念

"全域清江·统筹城乡"项目规划理念：第一，以"清江三宝"为产
业规划基础；第二，以水系林盘为空间规划基础；第三，以田园环境为
城镇规划基础。田园与都市空间的自由互切体现了实践行为与精神守耕的
互相扶持，符合现代人的生活理念，也满足了现代人对田园生活的内心
守望。

二、项目规划思路

1.清江将成为成都现代田园城市之先导

清江将成为成都现代田园城市之先导——妩媚的河、浪漫的镇。放眼全域成都，清江拥有宽阔刚毅之河绕其城东，又有蜿蜒妩媚之河穿于城中，如此丰富美丽的天然水系聚集于一镇已是天赐良域。

在"鱼菌水乡，田园清江"构想引导下，我们提出对"全域清江"的打造，要在清江这块沃土之上，"演绎"出"全域成都"难得的"妩媚的河，浪漫的镇"，用5~8年时间建成现代田园城市之先导。

2.成都的未来方向

成都的未来方向是世界现代田园城市。2009年12月21日闭幕的成都市委工作会议，正式确立成都建设"世界现代田园城市"的新定位。

"世界现代田园城市"这个充满诗意的概念，以其艺术美、画面感和形象化，传递给人们最质朴的感动和最原始的温暖，尤其契合了中国传统文化的积淀，因此唤醒了人们广泛的认同。

成都实现世界现代田园城市战略目标的三个步骤：

第一步为近期目标，用5~8年时间建设成为"新三最"城市；

第二步为中期目标，用20年左右的时间初步建成世界现代田园城市，争取进入世界三级城市行列；

第三步为长期目标，用30~50年时间最终建成世界现代田园城市，争取进入世界二级城市行列。

3.我们的未来家园

我们的未来家园是田园城市。本项目规划立足于清江地理优势，统筹规划村落、民居、产业基地等，依水而居、伴田而居，水、田、城遥相呼应，建成自然、人文和谐共生的山水田园之家，构成"田在城中，城在田中"的现代田园牧歌式画卷。

第三节　项目定位

项目总体概念规划定位：

总体特色：鱼菌水乡，田园清江。

空间形态：蓝脉绿网织锦绣，大珠小珠落玉盘。

城市风貌：现代田园休闲名镇。

城镇印象：妩媚的河，浪漫的镇。

本项目鸟瞰示意图

第四节　项目规划内容

一、项目总体规划

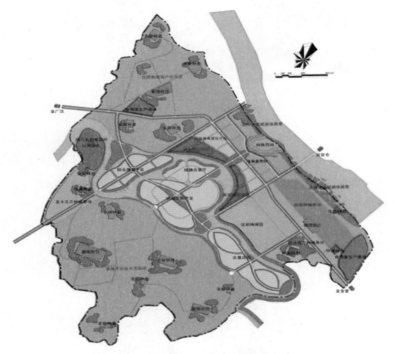

概念规划总平面示意图

　　本项目以"一带四区"为空间布局：北河生态休闲旅游产业带，优质粮食高产示范区、行政教育居住片区、滨河商业街区、运动休闲区。其中，产业分布有农耕林盘、食用菌生产基地、苗木花卉种植基地、新型社区、休闲林盘等。

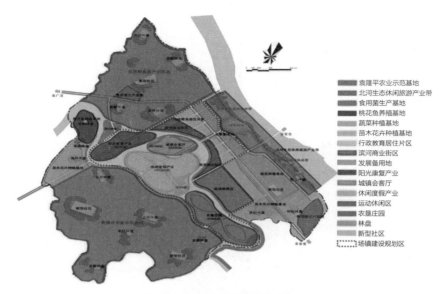

镇域功能布局概念规划示意图

不同色块对应不同的产业分布,有袁隆平农业示范基地、北河生态休闲旅游产业带、桃花鱼养殖基地、蔬菜种植基地、苗木花卉种植基地等。产业、区域分布科学、生态和谐、功能互助,镇域功能布局概念规划示意图上一目了然。

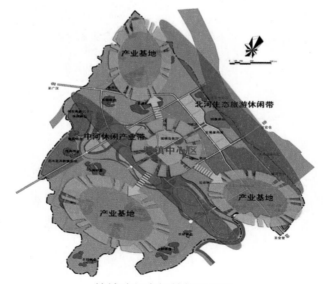

镇域功能空间结构示意图

以城镇中心区为中心,向四周分散,三大产业基地围绕城镇中心区,中河休闲产业带、北河生态旅游休闲带贯穿项目地。

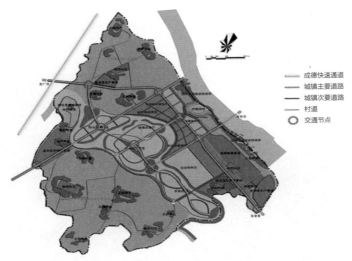

交通组织分析图

成德快速通道在本项目地旁边,城镇主要道路西北方向至广安,西南方向至金堂,向东至官仓,交通通达性较好。

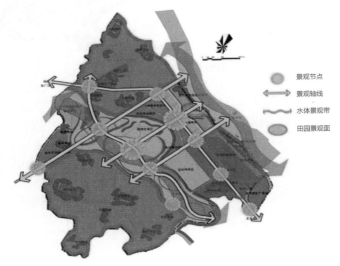

景观结构分析图

项目景观轴线"三横两纵",如景观结构分析图所示,景观节点有11个,再加上2条水体景观带,田园景观面又占项目地的大部分,整个项目的山水田园的景观感较强。

二、项目各功能布局

(一)城镇建设区

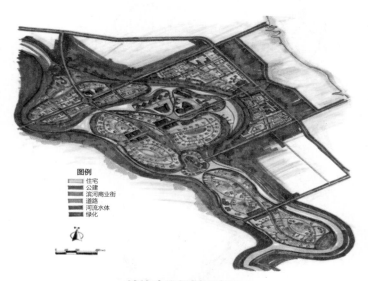

图例
住宅
公建
滨河商业街
道路
河流水体
绿化

城镇建设规划示意图

1.滨河商业街区规划

依中河河岸规划建设滨河商业街区,吸引知名品牌的餐饮、休闲、娱乐企业来此发展。游客约三五好友,或徜徉街区,或临河品茗,看碧水静流,观白鹭展翅。向左是现代繁华商业区,向右是田园风光美景。人文与自然,现代与田园,画风在错落中有情趣,在冲突中不失和谐。和谐中的交融能抚慰人心灵的荒漠和孤寂,更能渲染丰富的内心和多彩的情感。

2.行政教育居住片区规划

清江镇政府坐落于此,金广路在该片区边缘通过,场镇原有的居民也居住于此片区。在此布局行政教育居住区并实现其功能，不但能满足现有居民的需求，也为场镇未来扩容提供基础性配套条件和设施。

3. 阳光康复产业规划

2009年，我国60岁以上的老年人总数达到了1.69亿，老龄化社会越来越严重。北京、上海、广州、深圳等城市早已开始关注并发展老年人产业。本项目中的阳光康复产业就是针对老年人的社会服务开发的产业。在水资源丰富、风景如画、风情妩媚和浪漫的清江，将会规划10万平方米土地用来开发阳光康复产业服务老年人，让夕阳红得更加浪漫、灿烂，让老年人老有所乐、安享幸福。

4. 休闲度假产业规划

休闲度假是人们缓解工作压力、精神压力的主要方式，也是家庭户外活动的方式之一，备受人们喜爱。随之而来的休闲度假产业也在不断发展与完善中。

在清江，我们会充分利用优美的水系岸线和田园风光，通过多角度、多维度开发与建设，以形成自然景观与优美岛湖、生态休闲与观光度假相融合的休闲度假产业基地。

5. 农垦庄园规划

在城镇建设规划示意图中，一条蜿蜒妩媚的中河宛如蓝色的缎带缠绕着绿色的田野。河湾处一座座被田地、林地、湿地所包围的农垦庄园古朴、祥和，与绿草、野花构成了一幅美丽的田园油画。

农垦庄园与隔河相望的蓝光观岭国际社区相互映衬，画面柔和且秀丽，内涵性地展示了田园城市的概念。

6. 运动休闲区规划

文明健康向上的休闲娱乐是我们要倡导的新风尚。运动休闲区创造性地将体育运动与休闲娱乐相互融合，让人们在不知不觉中以各种"玩"的方式进行身体锻炼、体育训练，以增强体质、调节身心，提高体育技能等。

7. 北河生态休闲带滨河湿地公园规划

清江居金堂上风上水位，北河为县城生活用水之源，自然风光旖旎，滨河湿地形态初具，若加以改造，建成滨河湿地公园，必定给人们带来福祉。

滨河湿地公园，水边芦苇荡中白鹤渔舟点点，岸上休闲度假、生态观光林盘点缀，高品质农家乐散布其间，观光度假、生态休闲、餐饮娱乐皆宜。与隔河而望的官仓温泉休闲度假区形成北河休闲度假旅游产业带。

8.生态渔产业规划

在挖掘"清江三宝"（食用菌、生态鱼、清江大米）中，桃花鱼因其季节性强、产量有限、形体漂亮、寓意美好，极具研究、繁育、开发、保护、经济价值。项目将以"东尝大闸蟹，西品桃花鱼"为指引，联合四川水产研究所，对清江桃花鱼养殖进行多维度规划，设定桃花鱼生态养殖基地，打通多维市场链，把桃花鱼推向成都、推向四川、推向全国。

（二）产业规划

1.花卉苗圃产业

建设花卉苗圃基地。建设花园城市需要大量的花卉苗木，室内装饰装修也需要大量的花木，美化村容村貌也需要花卉苗木。花卉苗圃基地既有生态价值也具有经济价值。本项目将在金广路靠赵镇两侧、清城路清江入境段两侧布局花卉苗圃基地。本处花卉苗圃基地在实现生态价值与经济价值的同时还能体现人文关怀价值。花卉苗圃生机盎然，人置身其中，呼吸着花木湿润的清香，尽情享受这远离都市喧嚣、有炊烟萦绕的清幽自然之地。

2.食用菌产业

食用菌是一种具有极高营养价值和保健功能的绿色食品，在我国有"山珍"之美称。清江食用菌种植历史悠久，据《金堂县志》记载，清江是金堂县内最早的食用菌主要生产基地。我们将从食用菌的种植历史、种植方式、品牌塑造等多维度打造清江食用菌品牌，拓宽清江食用菌的产业链。

3.优质粮食示范基地

建设优质粮食示范基地。利用清江优越的生态资源种植水稻，出产曾经誉满川西平原的清江大米，创造经济价值。同时，这里别具一格的清江田园也是不可多得的休闲之地。"迟日江山丽，春风花草香。"蔚蓝的天空、深绿的竹林、金黄的水稻，经济效益、社会效益、生态效益并具。夏秋时节，人们漫步在双堰村、荣华村、新水碾村广袤的田野长堤上，金色的稻浪闪烁着丰收的光芒。

4. 蔬菜种植基地

建设蔬菜种植基地。基地可种有辣椒、包菜、白菜、胡萝卜、白萝卜、菠菜、绿芦笋等。蔬菜采用生态种植，施用有机肥，无农药残留，在满足清江市场需求的同时，还会供给成都及周边城镇。个体菜农可在机动时间内来到基地种植蔬菜，多一份劳动，多一份收入。这也是个体菜农增收的一个渠道。

5. 城镇风貌改造

项目规划将依托清江得天独厚的生态资源，尤其是水资源，对旧城区实行改造。改造时要扬旧城区的优势，避其劣势。城镇风貌的改造要注意与周边人文环境相融合，和谐地嵌入自然风光，建成美丽宜居的新城区。

三、品牌塑造

项目要充分挖掘清江的各类可开发资源，打造清江的品牌。只有树立起清江镇域优势资源的品牌，才能将清江镇特有的地域资源转化为推动清江经济发展的动力。

为此，我们同镇政府合作后将系统地、统一地按"331"品牌战略，对"清江三宝"进行立体包装，主打镇域特色，上位全域成都的市场空间。

第五节　项目效益与进度安排

一、项目效益分析

项目社会效益。项目的开发将会深入挖掘清江水系、绿地（林盘）、农业资源，建设清江特色产业集群，吸引游客观光，推动清江经济发展，开创新型田园城市建设模式。项目的建成会让清江的村民生活更闲适，社会发展更和谐。项目策划与建设始终注重生态环境的保护，让清江的田园风光更美丽，城镇风貌更具特色。

项目经济效益。项目要实现政企联合，富民强镇，多方受益。

政府增税——预计为金堂县政府直接和间接带来税收收益5亿元，镇政府的合资公司直接收益3.5亿元。

农民增收——预计农民年人均收入将从6700元增加至12000元。

企业增效——预计投资公司企业收益达到3亿元。

区域增值——预计全域清江集体建设用地价值将从8万~12万元/亩增加至20万~30万元/亩。

项目会建成全域成都生态环境较优、人居环境和谐、产业发展可持续的现代田园城市——清江样板。

二、项目进度

（一）2010年项目进度计划

1）打造2公里滨河生态走廊；

2）项目先导区启动；

3）袁隆平优质粮食示范基地定点；

4）包装产品"清江三宝"（包括申请注册商标）；

5）争取在北河打造1~2处林盘。

（二）2011年项目进度计划

1）打造部分休闲娱乐、特色餐饮产业，招商引资5~6家特色休闲和特色餐饮企业到位，并形成接待能力，吸纳人流；

2）推广"清江三宝"；

3）启动河滨新区第二条河流的生态整治和改造；

4）清江对接成金快速通道（清城路）。

（三）2012年项目进度计划

1）阳光康复产业、休闲度假产业及城市生态会客厅起步；

2）启动农垦庄园的招商引资工作。

梦幻山水　魅力银江

——攀枝花市东区银江镇统筹城乡发展规划

（规划编制时间：2011年）

第一节　项目概况

一、自然地理状况

攀枝花市银江镇地势由南向北倾斜，金沙江以北片区则向南倾斜，南北高，中间（金沙江）低，西高东低，地形起伏。

银江全镇面积167平方公里，辖倮果村、五道河村、双龙滩村、攀枝花村、密地村、弄弄沟村、沙坝村、阿署达村、华山村等9个行政村，32个农业合作社，5个社区（倮果社区、双江社区、五道河社区、马家湾社区、小得石社区），总人口30019人。

银江镇境内储量最多的黑色金属矿为钒钛磁铁矿，其伴生组分丰富，且分布集中，开采条件优越。

二、区位交通状况

成昆铁路和川滇西线国道纵贯攀枝花全境，北距成都749公里，南接昆明351公里。

省道214线东西向贯穿全境，省道310环绕全镇。丽攀高速公路在银江设有出入口。村村通公路。

三、基本状况

1.重点规划的三村概况

重点规划的三个村有弄弄沟村、阿署达村、双龙滩村。

1）弄弄沟村。弄弄沟村全村共有3个村民小组，279户，825人。现有耕地面积222.5亩。2010年农民人均纯收入6500元。

2）阿署达村。阿署达村位于攀枝花东区飞机场西侧，村落主要分布于机场路沿线。全村共有4个村民小组，407户，1444人。阿署达村中彝族人口941人，占全村人口的79.7%，具有浓厚的民族特色。该村是以农业为主的中心村。

3）双龙滩村。双龙滩村全村共有2个村民小组，182户，616人。现有耕地面积为215.6亩，2010年人均纯收入为6103元。

2.建筑现状

阿署达村村委所在地的建筑较好，多为近年按照相关建设部门提供的图纸进行施工建设的。其他部分村民住宅呈散居状态，多数为新式院落和一楼一底砖混、砖木、土木结构建筑。现状建筑风貌较杂乱，缺乏地方民居特色。

3.产业现状

规划区目前主要产业为种植业、选矿、运输业，少量农户从事服务业、养殖业。农业主要以水果种植为龙头，观光农业已经成为主要支柱产业之一。

4.基础设施和服务设施现状

1）道路交通。东区银江镇现状交通主要依靠城市道路、省道S214线及S310线，还有通务本乡的公路和倮密路等。各村均已通公路，乡村硬化道路比例较高，路面质量较好。

2）供水排水。村民供水来源不一。仅阿署达村一、二社及沙坝村二社有来自城市供水管网的自来水，其余村社以周边工矿企业转供水及山泉水为主；各村社基本无污水处理设施及排污管网，排水为雨污合流，未经处理分散自流，最终渗入土壤或流入水体。现状渠道设施主要用于灌溉和排洪。

3）供电通信。村民用电来源分散。仅有弄弄沟村一、二社，沙坝村一社供电来自城市电网，其余村社电源主要为攀钢等工矿企业的转供电。现状通信良好，无信号盲区。

4）燃料使用。村内居民可烧液化气，部分使用天然气、煤，少数村户使用沼气池供气。

5）公共设施。阿署达村、弄弄沟村通公路，村级卫生服务站、劳动保障站、农家书屋、银江敬老院等一批设施建成投用，增强了农业综合生产能力，提高了农村公共服务水平。

四、问题分析

经过调研，发现东区银江镇在新农村建设方面存在一些问题。例如，现有的农村产业多为粗放经营，技术性人才欠缺，资金投入有限，传统农业逐渐萎缩，第三产业发展滞后，等等。

五、项目规划范围

新农村综合体建设规划的范围为东区银江镇，主体规划区以阿署达村、弄弄沟村、双龙滩村为主。

六、规划年限

近期规划：2011—2015年。远期规划：2015—2020年。

近期建设规划与《攀枝花市东区土地利用总体规划（2006—2020）》相衔接，是东区总体规划的核心，也是实施攀枝花市总体规划的重要步骤。近期规划以阿署达村、弄弄沟村和双龙滩村为发展重点，以茶马古道为切入点，9个行政村各单项项目逐步推进，最后实现本规划的总体目标，全面提升攀枝花市东区的整体形象。

第二节　项目规划思路

一、项目发展分析

（一）项目SWOT分析

1.优势

区位优势：项目地在金沙江和雅砻江交汇之处，地跨金沙江两岸，是北上成都、南下昆明、通往二滩电站的必经之地，地理位置十分优越。

交通优势：成昆铁路和108国道公路纵穿银江镇。银江镇是重要的交通枢纽和商贸物资集散地。

产业特色优势：阳光充足，为特色农产品的规模生产提供了条件。大黑山森林公园为生态产业的发展提供了自然资源基础。

2.劣势

产业单一：一、三产业上没有形成良好互动。

劳动力从业结构不合理：农业依旧是传统的劳动密集型产业，农业机械化程度低。

基础设施建设还须完善：排水、能源等基础设施建设需进一步加强。资金短缺阻碍了新农村综合体的建设、发展，也影响了产业发展所依赖的硬件环境。

3.机遇

开发机遇：统筹城乡建设，推进城乡一体化，实施新农村综合体建设，为东区银江镇的产业发展和空间整合提供了难得的机遇。

发展机遇："十二五"规划的导向性和今年中央"一号文件"所关注的农业及水利建设为东区银江镇新农村综合体建设提供了政策条件。

4.挑战

山区地质灾害：银江镇地处大黑山山区，区域及交通常受地质灾害影响。

资源、环境变化：东区银江镇境内分布钒钛工业企业。要督促这些企业在生产的同时重视对污染物进行科学、环保处理，确保经济能实现可持续发展。

（二）项目发展思路

项目突破口——土地整理。新农村综合体建设的关键是土地。要通过土地整理，提高土地的利用价值，实现新农村综合体建设各方的共赢。

发展支撑点——阿署达村、弄弄沟村、双龙滩村。结合自然资源和区位优势等因素，对东区银江镇的阿署达村、弄弄沟村和双龙滩村进行重点打造，提升东区银江镇的整体形象。

开发方向——乡村休闲度假旅游区、生态旅游度假区、茶马古道景观轴、近郊农业观光园。东区银江镇作为攀枝花市近郊得天独厚的镇区，按照"新农村建设特色突出的全省一流强镇"的目标，对项目的9个行政村进行合理规划，实现布局的升级，奋力打造四条发展主线：乡村休闲度假旅游区、生态旅游度假区、茶马古道景观轴、近郊农业观光园。

二、项目规划核心设想

根据《攀枝花市东区新村建设总体规划》，在"十二五"期间，东区银江镇做出了"强化一核，培育一带，区域联动"的总体战略部署。依据这个部署，我们在做项目规划时结合东区银江镇的具体实际做了细化。

1.以土地整理为核心

新农村综合体建设的核心是土地。我们将采用创新的模式实现土地流转，在保护好农民利益的基础上，结合当地产业的发展用好、用活土地。

2.以产业规划为支撑

对项目的9个行政村进行合理规划、布局和升级。以弄弄沟村、阿署达村、双龙滩村为重点村，奋力打造乡村休闲度假旅游区、生态旅游度假区、茶马古道景观轴、近郊农业观光园。

3.以村落发展为首要

依托各村优势，以产业带动农民就业和增收，以新农村建设提高农民的生活品质，发展农村社会生产力，推动农村社会经济全面发展。

各村定位：

阿署达村——"沐浴阳光中，围坐瓜香下"；

弄弄沟村——"山中观景，山谷会友"；

双龙滩村——"聆听田园天籁之音，品味咖啡醇厚之韵"；

沙坝村——"触摸时代脉搏　彰显新城风貌"；

五道河村——"逆境中生存，矿渣中淘金"；

攀枝花村——"攀枝花新门户，小安国冬枣，大车轮"；

密地村——"天南海北，迎来送往"；

华山村——"城中村变新社区"；

倮果村——"观金沙江壮，品雅砻江菜"。

4.以社会管理为根基

在东区银江镇原有社会管理体制的基础上，提出"整体性治理、精细化处理、'微'式化服务和全面性保障"的创新模式，破解目标与现状之间的瓶颈，维护社会稳定，实现社会和谐。这也是东区银江镇实现持续发展的根基之所在。

三、项目发展蓝图

1.总体发展

按照四川省一流强镇的目标，对项目地的9个行政村进行合理规划、布局和升级，奋力打造生态旅游度假区、乡村休闲旅游度假区、茶马古道景观轴、近郊农业观光园。

2.规划蓝图

改善农民生产条件，提高农业、工业综合生产力和第三产业竞争力，增加农民收入。

改善农民生活条件，使构建和谐社会迈上新台阶。

加大招商引资力度，快速推进城乡经济的繁荣发展。

打造东区银江镇的新名片，为东区银江镇带来新的发展机遇，为攀枝花市民及外来游客提供新的休闲、生活好去处。

实现城乡的统筹发展和资源的合理利用。通过增加新的集体建设用地，使土地、劳动力等资源实现城乡间的合理配置，推进城乡社会事业和基础设施的共同发展。

通过一至两年的努力，将东区银江镇打造成全省统筹城乡新农村示范片，实现"梦幻山水，魅力银江"的美丽蓝图。

第三节　项目定位

一、项目总定位

东区银江镇项目总定位为"梦幻山水，魅力银江"。

梦幻山水：涵盖了金沙江的灵秀和大黑山的清幽。金沙江流淌着东区银江镇文化的血液，它沉稳奔放且蕴秀吐雅，宛如一条欢腾的巨龙。大黑山孕育着东区银江镇未来的曙光，它雄伟粗犷又堆翠叠绿，犹如一幅壮美的画卷。山与水的柔情演绎着如梦如幻的人间仙境。

魅力银江：寄寓着东区银江镇在新的五年里、在新的机遇下所要达成的美好愿景。

二、项目目标定位

东区银江镇项目目标定位是"四川省一流强镇""全省统筹城乡新农村

示范片区""全省社会管理示范镇"。

东区银江镇拥有优越的发展基础，为了更进一步发展镇域综合实力，跻身"四川省一流强镇"，还须通盘考虑，科学规划。

三、项目形象定位

东区银江镇项目形象定位为"夏花秋果谱写田园之歌，碧山绿水奏响生态之曲"。

（一）田园是一种生活态度

"狗吠深巷中，鸡鸣桑树颠。户庭无尘杂，虚室有余闲。久在樊笼里，复得返自然。"陶渊明笔下所流露出的正是一种恬淡、从容、闲适的田园生活。土地、房子、榆柳、桃李、村庄、炊烟，狗吠、鸡鸣，正是这些平平常常的事物，在诗人笔下构成了一幅十分恬静幽美、清新喜人的图画。田园风光清淡平素，毫无矫揉造作，是天然之美，使人悠然神往。银江镇的田园之歌由碧山绿水作曲、夏花秋果作词，唱起来必是天籁之音。

（二）生态是一种生活方式

全球生态环境问题面临严峻挑战，人类正站在可持续发展的十字路口。生态文明是人类文明发展的历史趋势。"绿水青山就是金山银山"已成为全社会的共识。良好生态环境是普惠的民生福祉。银江镇的发展必定要在绿水青山中实现人与自然和谐共生，必定要在繁花似锦中开出别样好风景。

四、各子项目定位及构成

银江镇规划项目有农业观光、山居度假、现代服务业、民俗盛会、茶马古道等，还有依托银江镇各村的产业资源举办主题活动，形成文游品牌。

银江镇规划子项目构成

项　　目	构　　成
农业观光	生态农产品
	瓜果观光
	现代农业体验
	彝族美食
山居度假	山乡居游
	山谷居住
	休闲养生、山地运动
	商务会所
现代服务业	餐饮娱乐一条街
	商业步行街
	图腾文化广场
	高端汽配城
	家居家纺装饰城
	大型连锁超市
	精品水果市场
	"四位一体"汽车交易平台
民俗盛会	商务旅游
	会议旅游
茶马古道	旅游
	茶饮品
	咖啡饮品
主题活动（以协会为载体）	书法协会、水上运动协会、艺术展览协会、果树认养协会、寻宝协会、棋牌协会、舞蹈协会、古典音乐协会、歌唱协会、小提琴协会、流行音乐协会、诗歌爱好者协会、文学爱好者协会、美术协会、体操爱好者协会、服装设计协会、手工艺品制作协会、茶艺协会、户外运动协会、青少年培训协会、竞走爱好者协会、垂钓爱好者协会、拓展爱好者协会、美食协会、美容康体协会、科技发明协会等

第四节 项目规划内容

一、新农村综合体布局

（一）布局理念

1.打造田园山居

1）以道路为主轴，通过道路、水系等构建相对独立又保持联系的组团空间。

2）以田园为主景，通过农业景观、山林景观，体现"绿树村边合，青山郭外斜"的新农村风貌。

3）以中心广场为主构，各组团围绕中心主题布局，通过开放空间及主题空间的植入，强化空间结构特色。

4）田园山居以攀西民居建筑风格为主体，透过建筑元素与形式的解析，以及现代构造技术与材料的结合，将传统文化糅入现代建筑，打造具有历史文化底蕴的现代质感山居。

2.优化建筑布局

建筑布局上突出综合体特有的自然山水格局。充分结合地形，打破传统的布局结构，采用错排式、山居式、聚落式相结合的布局手法，创造富有变化、景观感强的空间格局。

错排式：双龙滩片区的散居农户以2~3户为一组，顺应地形有序地布置。每组内各户建筑平面适当错接，竖向高低错落。

山居式：弄弄沟片区受地形的制约，在山坡上建1~2户相对独立的农舍，并辅以相应景观绿化。如果发展得好，可进一步开发乡村旅舍。

聚落式：对于阿署达村部分地势开阔片区，在空间开阔地，建成由4~6户形成一个围合聚落。这些聚落间道路相通，聚落内和聚落间种有果树、菜地或花圃，形成绿化分割带。

3. 实现产业互动

在保持田园山居风光及生态环境的前提下，再通过绿化与景观设计，整合农业与旅游业，实现一、三产业的有效互动，促使农村产业结构调整与升级，实现"乡村体验、休闲及乡村地产"的新型农业生产、生活和乡村旅游融合发展的新模式。

4. 丰富新农村内涵

本次对银江镇的规划要体现新农村综合体的时代内涵。具体到规划中，要求既保留乡村民俗文化、生产生活实践元素，又要凸显新时代乡村发展的成果，丰富它的时代内涵。

街道公共空间元素与意象的布设传达时代化主题。将休闲文化与广大村民生活密切结合；通过配建适当的公共服务设施，增强街区活力；民居内分散布置村民健身场所。

（二）空间布局和功能分区

根据地形和周边环境，依托现状主要道路，以弄弄沟村现状住宅聚居区域为中心，向东、南、北三个方向扩展，形成"一心、两轴、三组团"布局结构。国道、城区道路和村落内主要道路可以连接各个组团。

"一心"：以弄弄沟的新农村综合体布局为中心，辐射带动其他新村建设。

"两轴"：以金沙江两岸道路为交通轴，新城拓展为发展轴，串联起"一心三组团"。

"三组团"：阿署达、双龙滩、弄弄沟三大新农村综合体产业发展组团。

（三）"一心"

"一心"即以弄弄沟村新农村综合体布局为中心。

1. 住宅建筑

保留对整个新农村综合体景观影响不大且房屋质量良好的新建砖混住宅，其余规划新建的住宅。规划住宅建筑遵循的原则是：

1）亲水景观原则。保证最外层住宅建筑主立面面向中心荷塘，并沿着主要交通要道排列。

2）山居布局原则。规划弄弄沟村周边台地时，低阶台地建筑高度不应遮挡高阶台地建筑立面的三分之二以上，保证建筑立面景观的开敞性。

3）视廊通透原则。水、路、房、山之间主要的景观廊道要通透，山体绿化要向院落延展、铺伸。

2.公共建筑

完善配套的服务设施。依据《中华人民共和国国家标准镇规划标准》（GB50188）中的中心村级别，按照规模集中、半径适中的原则，以规划期2000人为标准，配套公共服务设施。

依山势建一幢四层公共建筑作为游客接待中心，占地2000平方米，提供餐饮、娱乐服务。建筑两侧不分主次立面，保证公共建筑具有良好的视线对景效果。

游客接待中心功能

楼 层	功 能
一层	开敞空间，可做多功能厅（举办红白宴会、村民大会）
二层	生活超市、商店、相关村镇配套商业服务场所用房
三层	文化娱乐及社区活动中心
四层	村两委办公室及配套办公室

3.公共服务设施

根据规划布局，医疗、文化等公共服务设施主要集中规划在公共建筑里。各组团内规划公共绿地，以及健身场所设施，供村民交流、休息。

公共服务设施类别

类 别	项 目	规划建筑面积（m²）
行政管理	村委会、警务室	90~150
教育机构	幼儿园	300~1000

续表

类　别	项　目	规划建筑面积（m²）
文体科技	文化站、青少年活动中心、老年之家	60~100
	科技中心或科技站	20~30
	农技服务站	100
	计生服务站	100
	卫生站或医务室	180~360
	专科诊所	180~360
商业金融	生活超市	400
	生资市场	250
	综合商店、药店等	250
	理发店、洗浴室等	250
	饭店、住宿或小吃店等	250
	物业管理机构	250
	信用社、邮政、保险机构及办事处	50
	游客接待中心	2000
交易	集贸市场	2000

4. 开敞空间

（1）打造入口景观

在茶马古道入口和新路入口，通过布置硬地、绿地、水景、小品、雕塑等打造多层次、多形态景观。

（2）中心广场空间

依托公共建筑，建成村民活动广场，即新村中心广场。以水景、果树、花池景观置石为造景元素，打造圆形景观组合，将广场分为公共活动区、观景区、休憩区、健身区，为村民和外来游客提供绿色生态、尺度适宜且具有趣味性的活动空间。

将广场外围坡地改造为景观坡地，种植景观树和花灌，并设生态石阶通往上面台地。

（四）"两轴"

"两轴"即金沙江两岸交通轴和新城拓展发展轴。

1.规划要点

交通轴指规划区范围内金沙江两岸道路，是规划区的门面。

发展轴是指中心城区向东区银江镇、沙坝发展方向的轴带，这是今后东区银江镇发展重要产业的地方，其中心广场将成为第一中心区。

目前，金沙江两岸道路在规划区范围道路状况较好，但一侧靠江，一侧靠山，规划空间较小。

我们将根据两轴地带的自然属性和资源状况，建成风景道与绿化道相结合的旅游景观带。

2.风景绿道规划

规划风景绿道时要运用自然河段、山体等做主要衬托。道路两边的绿化设计要体现本土特色。道路两边的植被要多样化，四季更替有序，可就地保育，也可适时更换。

具体地段植被的处理要结合当地的实际情况，可采取如下几种方式：

保育。主要适用于具有重要历史文化价值的植被，如道路两侧原有的当地特色树种、名树古木、特色植物等。

放任。就是让当地景观群落自然生长，自然更替。主要适用于对整体环境氛围和人文景观能起到烘托作用的景观群落。

更替。指的是用一种生物种群替换另外一种生物种群，被替代的生物种群应是那些破坏整体环境氛围，或其生长对其他人文景观的结构或外形造成损害的种群。还可以选取观叶、观花的植物品种来丰富原有的景观群落。

（五）"三组团"

"三组团"包括阿署达村、弄弄沟村、双龙滩村。

1.阿署达村

在组团中，阿署达村主要发展花卉果园观光区、民俗风情体验区、户外拓展区、阳光度假区、生态商务区等项目。

2.弄弄沟村

在组团中，弄弄沟村主要发展山乡居游、山乡别墅、专家疗养、山地运动等项目。

3.双龙滩村

在组团中，双龙滩村主要发展生态农业观光园、鲜味体验区、野外拓展区、林中游乐区等项目。

（六）新村布局点

东区新村布局

乡镇名称	各村规划期末农业人口数（人）	新村类型	新村布点情况				
			数量（个）	新村名称	人口规模（人）	用地规模（公顷）	备注
双龙滩村	400	—	—	—	—	—	散居
五道河村	700	大型新村	1	沙坝五社新村	650	5	人员搬迁至沙坝五社新村
傈果村	300	中型新村	1	莲花街新村	250	3	—
攀枝花村	1800	大型新村	1	大湾丘新村	850	3.3	与已有控规相协调
		中型新村	2	傈僳山庄新村	500	6	—
				攀枝花六社新村	420	2	与已有控规相协调
密地村	1100	小型新村	2	密地六社新村	100	1.4	现状
				马鹿箐新村	50	0.2	—
		中型新村	2	枣子坪东街新村	450	2	与已有控规相协调
				密地二社新村	400	1.1	与已有控规相协调

续表

乡镇名称	各村规划期末农业人口数（人）	新村类型	新村布点情况				
			数量（个）	新村名称	人口规模（人）	用地规模（公顷）	备注
沙坝村	900	大型新村	1	小箐沟新村	700	3.5	与已有控规相协调
		小型新村	1	张家田坝新村	150	2	—
弄弄沟村	400	小型新村	1	游家院子新村	70	0.7	现状
华山村	300	中型新村	1	倪家沟新村	250	2.8	与已有控规相协调
阿署达村	1100	中型新村	2	依夫达新村	500	6	一期在建
				小坝塘新村	300	3.6	—
		小型新村	1	凤凰窝新村	150	1.8	—

我们将在东区新村布局的基础上，根据各村的实际情况进行产业规划和功能分区。

（七）建筑风貌

商用建筑或公用建筑采用攀枝花一线一风的风格，住宅采用攀西民居风格。建筑色彩朴素，多以冷色调为主。砖混结构，外墙梁柱修饰构件为褐色，棕色窗套样式古朴简洁。山墙面采用灰色菱形、圆形花纹修饰，建筑墙裙贴仿砖面，挑檐白墙院坝，雕花镂空窗。公共建筑要比住宅丰富些。

对现状保留的建筑进行外观改造：一律用黛瓦屋檐，原铝合金窗外加仿木棕色窗格或窗套，改现状院坝为挑檐灰、白墙院坝，墙裙贴仿砖面，山墙面的条形用褐色修边，整体风格与新建住宅统一协调。

弄弄沟村概念规划鸟瞰图

二、村落发展规划

（一）五道河村——"逆境中生存，矿渣中淘金"

五道河村紧挨攀矿采场和排渣场，地下水位下降，居民准备逐步迁入东区银江镇规划的新居。

五道河村可以成立表外矿选矿公司，带动村民就业、创业；成立运输公司，大力发展交通运输业。

（二）攀枝花村——"攀枝花新门户，小安国冬枣，大车轮"

攀枝花村紧挨主城区，为攀枝花拓展区，耕地较少，村民逐渐由农民转变成社区居民。

在建的丽攀高速出口将设置在攀枝花村境内，这将有助于攀枝花村的发展。

攀枝花村独有的安国冬枣种植技术已基本成熟，由于地形限制、耕地少使得种植面积较少，没有形成规模效应。

攀枝花村可以建成现代物流交通港，在区域内积极发展仓储、商贸物流。建立物流相应的配套服务机制，提供货物加工、包装、搬运等服务。抓住现有特色产业安国冬枣，扩大种植面积，形成规模效应。打造餐饮娱乐一条街，提高当地商业氛围。以"农改超"的形式打造农副产品批发市场。

（三）密地村——"天南海北，迎来送往"

密地村境内现有攀枝花粮库和物流公司，物流公司运力不能满足市场需要。

密地村以密地物流园区、密地粮食物流中心建设为契机，巩固和扩大物流中心地位，发展多形式的物流产业，如水果批发中心。还要依托物流园区，大力发展交通运输业。

（四）华山村——"城中村变新社区"

华山村是一个典型的城中村，可开发利用的土地较少。

通过土地整理，现有土地约30亩，可以"农改超"的形式建立蔬菜批发市场。还可以依托紧邻市区交通主干道的优势，建立商贸物流中心，发展运输业。

在道路沿线打造传统和现代风格兼具的商业一条街，布局餐饮、娱乐、银行网点、服装店、超市等多种业态，解决当地农民的就业问题。

（五）偰果村——"观金沙江壮，品雅砻江菜"

偰果村已建有工业园区，虽说有一定的发展基础，但也有发展的局限性。通过调研，我们认为偰果村可以雅江鱼和彝家菜为代表，打造雅砻江沿江特色餐饮服务区；打造沿江攀西民俗风格建筑群，搞好沿江绿化景观带；沿江合理布置民俗展示馆、奇石展览馆、书画展览厅、高端茶楼等，为游客提供一个交友、会客、休闲的旅游长廊。

三、产业规划

（一）产业规划理念

1.规划理念

在统筹城乡发展的过程中，产业发展是促进地方经济发展、保障劳动力就业、实现农民增收的核心要素。因此，东区银江镇的发展建设，必须坚持"政府引导、措施创新、市场运作、农民参与"的原则。规划理念如下：

以政府主导为指引，以城乡统筹为特色。

以政策创新为前提，以措施可行为基础。

以市场运作为支撑，以规模经营为重点。

以村民参与为宗旨，以村民致富为目的。

2.规划方案的实施构想

（1）示范点创新

争取将项目地作为推动乡村发展政策、方案的试验区，用好、用活实施新农村综合体的相关政策，发扬创新精神，总结探索性经验。另外，在加强招商引资、融资的同时，多渠道争取农业、水利、林业等专项资金的投入，减轻项目实施前期投资的压力，保证项目按照规划方案顺利实施。

（2）镇村统业战略

根据场镇的环境条件、产业发展需求、建设用地储备等，阿署达村、弄弄沟村、双龙滩村之间以乡村旅游、生态旅游和农业观光产业形成"一三互补、空间互换、土地互利"的发展模式。

（3）特色产业

东区银江镇发展特色产业，须加强建设中一、三产业的融合、联动，实现功能短板上的互补。特色产业规划和建设要体现人文与生态的结合、特色农业与观光旅游业的结合、服务业与科学技术的结合、特色与时尚的结合。发展特色产业要开发多元化投资经营模式。在坚持创新、发展特色产业的同时，要注重建设精细的产业集群。

（4）拓展农民增收渠道

以多种形式、多个渠道解决失地村民的就业问题，切实建立失地村民持续增收的长效机制，提高村民生活水平。创新社会管理体系，构建和谐的新农村社区。

（二）产业开发模式

1. 开发思路

以阿署达村、弄弄沟村、双龙滩村为主，兼顾偰果村、攀枝花村、五道河村、沙坝村、密地村和华山村，引进投资者，建设规模化园区。也可以政府主导为基础，引进实力企业进行规划项目的大运作，散户可联建成大组合，村民加入集体组织，实现多方合作共建或联建经营模式。

其中，以政府为主导的开发模式是，按照乡村休闲旅游度假区、生态旅游度假区和近郊农业观光园的综合管理办法，由政府主导开发，并进行经营管理，包括项目的规划设计。政府要投入资金建设、改善公共基础设施、农业设施，组织进行新农村综合体建设公共体系项目的建设和管理。同时，政府还要引导农民、扶持农民参与项目的经营服务。

2. 开发模式

项目开发模式有两种。一种是引进龙头企业及投资机构进行开发、建设。政府机构利用专项资金解决基础设施和公共项目的资金投入问题，以及做好规划先期的铺垫性工作。愿意搬迁的村民搬进新农村综合体的民居中，实现集中居住，并进行城镇化管理。

另一种为自建或不愿意搬迁的居民可在政府指导下进行民居风貌的改造，要按照新农村民居建设图纸进行规范化建设。

3. 经营管理模式

（1）项目招商

回报期长或投资大的项目可以进行招商以实现企业化经营。鼓励农业产业化龙头企业等涉农企业重点从事农产品加工流通和农业社会化服务，带动农户和农民合作社发展规模经营。招商可以通过土地流转发挥企业开发功能强的优点。土地经流转后，不得改变土地集体所有性质，不得改变土地用途，不得损害农民土地承包权益。流转后的土地，仍然只能用于发展农业，不能用作房地产开发等其他用途。农民依法享有土地流转权益，如租金、股份分红等。

（2）土地综合整理

支持农业企业与农户、农民合作社建立紧密的利益联结机制，实现合理分工、互利共赢。支持经济发达地区通过农业示范园区引导各类经营主体共同出资、相互持股，发展多种形式的农业混合所有制经济。具体来说，可在村级集体组织下，在保证土地使用性质不变的前提下，土地可以作农业、服务业等开发使用。

（三）乡村休闲度假旅游区

阿署达村建设的乡村休闲度假旅游区让游客"沐浴阳光中，围坐瓜香下"，享受休闲时光。

1.定位依据

1）气候。阿署达村，属南亚热带为基带的立体气候，垂直差异显著，土壤肥沃，光照水土等自然条件好，很适宜优质果树、蔬菜生长。

2）现有投入。阿署达地势相对开阔。西川生态种植养殖观光项目，以及华西新希望集团热带农业开发项目和财荣果品基地项目等的进入，易形成集群优势。

3）区位。阿署达村位于攀枝花东区飞机场西侧山脚处，是攀枝花市距离城区最近的旅游景区，区位优势明显。

4）民俗文化。阿署达村中彝族人口941人，占全村人口的79.7%，具有浓厚的民族特色。

2.规划思路

（1）聚合效应

以特色农业产业化经营为方向，建设土地向大户业主集中，项目资金向各功能分区集中，农产品向龙头企业集中，传统农民向产业化工人转变，形成聚合效应，打造特色乡村旅游度假区。

（2）稳中求变

客观评估现有农业产业结构。在科技农业、服务农业、农业产业化经营上实现突破和创新，用现代科技支撑农业，用现代信息管理农业，用现代市场引导农业。

（3）产业升级

引入旅游观光度假理念，升级传统产业，打造一个民俗与时尚相结合、城市与农村相融合的现代旅游小镇。

（4）以"四品"成就品牌

阿署达村现有的农家乐难以形成规模，无法形成成熟的品牌。针对这种现状，我们将以"四品"打造出有彝族风情的农家乐。"四品"即品味、品质、品色、品香。

品味：推出当地特色饮食，体现民族特色。

品质：饮食要体现生态、绿色、休闲。为了"吃出营养，吃出健康"，从原材料的生产开始把关，保证产品的安全、健康。

品色：严格监控农产品生长的全程，保证蔬菜无公害、无农药，绿色有机。

品香：引入DIY农场理念，由客户租用土地自主进行农产品生产，体验"谁知盘中餐，粒粒皆辛苦"，感受劳动的艰辛与节约的光荣。

3.核心要点

（1）花卉果园观光区

在不同的片区种植花期和成熟期不同的果树，设置赏花区、观果区和体验区。

赏花区：将不同花期的果树分片布局，延长赏花时间；还可以将同一花期的果树连片相邻布局，形成花海景观。将不同花色的果树混栽，形成芬芳艳丽、五彩斑斓的景色，让游客徜徉在花的海洋中。

观果区：主打"晚熟杧果"，展现硕果累累、春华秋实的景观。可以通过合理配置果树与花树，营造一个月月有鲜花、季季有鲜果的景观。

体验区：可以让游客从事一些简单的农事活动。尤其在农事节气之时，可以开展疏花疏果、整形修剪、浇水施肥、病虫害防治等活动。这既丰富了游客的休闲娱乐活动，又可以让游客在亲身体验中获得一些有关果树栽培、采摘、储藏保险、加工等知识。

（2）彝族风情体验区

火把节

传说很久以前，天地相通，神与人和睦相处，经常相互往来。有一年夏天，天神思梯古慈派了一个名叫耿丁有惹的天差下凡催债。耿丁有惹来到人间后，遇到人间的英雄惹底毫星。惹底毫星说："你们住在天上，我们住在地上，我们互不相干，为什么我们天天给你们交租还债？今天，我们两个来比赛摔跤。如果你赢了，我们就交；你输了，我们就不交。"于是两人就比赛摔跤，结果耿丁有惹被摔死。天神思梯古慈大怒，放出很多蝗虫到地上，把人间的庄稼吃掉。惹底毫星带领人们砍来竹枝和树干，扎成火把，举火烧虫，保护了庄稼。为纪念这次胜利，以后每年六月二十四这天都要举行火把节，相沿成习至今。

打跳舞

据传在三国时期，诸葛亮协助刘备与孙权结成联军，共同对抗曹操。在一次交战中，诸葛亮和七名将士被冲散，八百曹军围追上来。但足智多谋的诸葛亮临危不乱，他将七名将士唤于树林中，叫他们踩响脚步，拍起手掌，他自己则吹响行军口哨，将士们边跳边大声高喊："曹竖子，你瞧着！"

不久，曹军赶到。他们看到树林中似乎有千军万马在驰骋，还听到哨音、脚步声，以及喊叫声。顿时，曹军畏惧不前，只好原地待命。曹军整整守了三天三夜，本就多疑的曹操自语道："到底有多少人马，三天三夜走不完，好汉不吃眼前亏。"于是只好退兵了。

而在当时，那个树林旁，居住着一些彝族人，他们为了纪念有智谋的诸葛亮，于是模拟当时的动作，开始了"打歌"。慢慢地，"打歌"就成了彝族人民的娱乐活动。

以天寿湖旁的文化广场为中心，宣扬彝族历史文化，并打造以节庆表演、酒吧、风物展示和购物于一体的彝族文化长廊。

重点打造几家彝族特色农庄，改良菜品，提高服务水平，使游客们在体验完水果采摘、休闲娱乐之后，尽享彝族美食，如千层粑、苞谷饭、仔猪肉、坨坨肉、荞麦粑、泡水酒、圆根酸菜汤等。

（3）户外拓展区

依托现有的高尔夫训练场，打造网球、乒乓球、篮球、野外训练营等户外运动项目。

依托天寿湖，打造垂钓、水上运动、乡村嘉年华和亲子乐园等项目，为家庭游客和团体游客提供配套活动和主题活动场所。

（4）阳光度假区

充分利用阿署达村的阳光资源，主打冬季度假和养老项目，兼顾攀枝花当地的避暑养生项目。阳光度假区的建筑和服务须兼顾夏季避暑和老人养生的要求。

阳光度假区有冬季度假区、养老保健区、避暑养生度假区。

（5）生态商务区

在旅游小镇的第一印象区，着力打造商务、会议接待区。

生态商务区有商务会所、生态会客厅、SPA康体休闲、星级酒店、高档乡村酒店、俱乐部等。

（四）生态旅游度假区——"山中观景，山谷会友"

弄弄沟村的生态旅游度假区有着优越的自然环境，还有动人的神话传说。

1.定位依据

1）自然资源。弄弄沟村紧邻大黑山天然森林公园，其原始森林密布，谷幽林秀，自然风光宜人，是一座生物宝库和天然氧吧，是攀枝花市的"肺"。

大黑山天然森林公园的自然资源优势为旅游产业发展奠定了基础，也将是优先重点发展项目之一。

2）环境条件。大黑山茂密的森林、葱郁的灌木，使弄弄沟片区成为攀枝花近郊较理想的休闲之地，有天然的优势来打造生态旅游度假区。

3）区位优势。弄弄沟远离城市的喧嚣，环境宁静、舒适。

4）神话传说有仙人湖与七仙女的传说。传说玉帝七个女儿下凡间游玩嬉戏。她们回天庭途经大黑山顶时，由于最小的七公主仙术不够无力前行，大家都只好停歇下来寻找仙草以便补充仙气。没过一会儿，大姐招呼大家过去，原来她发现了峡谷中有一塘湖水，湖面笼罩着一派薄薄的雾气，显得异常安详，湖底绿草如茵，正适合修仙养气。她们一同跃入水中尽情地游水嬉戏，有说不出的惬意。后来公主们为了以后能够常来此沐浴，便对旁边的山崖施了仙术，山崖遂出现一个山洞，她们来玩时就在此暂居。

弄弄沟的村民自先辈以来都称这湖为"仙人湖"，山崖上的山洞为"仙人洞"。至今，仙人湖的湖水仍清澈见底。仙人洞也仍在山崖上。

仙人湖和仙人洞为半山旅游度假区蒙上了一层神话的面纱，令人神往。

2.总体定位

弄弄沟村的生态旅游度假区的总体定位是"大黑山生态国际避暑旅游度假区"。

结合对弄弄沟村旅游发展环境的研究，度假区的目标客群市场的主力客群是四川省攀枝花市、成都市和西昌市等地度假游客，次主力客群是国内其他省区市的度假游客。

3.形象宣传

弄弄沟村的生态旅游度假区的形象定位是"山中观景，山谷会友"。

"山中观景"体现了大黑山森林的景观优势，游客将"以山为景，景中观景"。

它的形象宣传语有"山水旅游度假天堂""纯天然林中大氧吧""山乡居游　青春常驻""田园山乡，圆梦的地方"。

4.发展理念

弄弄沟村的生态旅游度假区要立足差异化竞争，要更富有度假功能和生态感。项目启动要快速，开发要安全。它的发展理念是"低价、高品质、别具一格的山居品位"。

（1）低价

低价有利于打开市场，谋得项目的快速启动和销售。

（2）高品质

度假区的高品质为游客提供更亲和、更健康、更低密的度假物业形态。它立足产品创新，综合利用项目规模优势与成本优势，有较强的竞争优势。

（3）别具一格的山居品位

别具一格的山居品位：融度假、休闲、保健、商务、运动于一体，山居既是度假方式也是生活方式。

5.规划理念

以大黑山森林公园为载体，以度假产业和多元物业为双轮，实现"攀西生态旅游避暑胜地"的战略目标。双轮联动可以实现虹吸效应、聚合效应。

1）重点度假产业实现虹吸效应。以山地运动、山泉康复保健打开旅游市场、度假市场；以多个度假功能板块制造市场虹吸效应。

2）多元物业实现聚合效应。以高端度假酒店、独立会客厅提升项目地的商业氛围；以山乡创意别墅、度假洋房集聚市场眼光。

6.功能板块划分

划分思路

突出康益性。保健康疗依然是度假区的功能之一。因此山地运动、养生保健中心应作为重要项目来建，相关康益项目要与之相结合，进行合理搭配。

强调体验性。在功能配置上，度假区除了满足游客的健康消费外，还必须满足游客的风情体验、亲情交流、社会交往、商务会务、消磨闲暇、自我修炼等多种需求，形成对客群的有效滞留。注重游客体验性的项目可围绕酒店、农业观光区和专家疗养区开发。

体现舒适性。度假区在布局上要根据各功能的档次、场地要求及对外部景观的依赖性做出综合考虑；还要结合人流动线，在选址上考虑游客的整体舒适度。

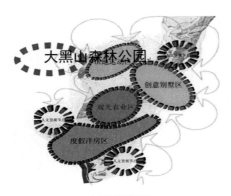

布局示意图

功能分为四大区

山地运动区：山地运动板块。

专家疗养区（创意别墅区）：山泉康复保健板块、山谷风情创意板块、商务休闲度假板块。

农业观光区：生态农业观光园板块。

度假洋房区：理想居住板块、健康休闲保健板块、山谷会友度假板块。

7.空间文化意境及表达

通过神仙传说的注入，打造独特山居风情。

神仙传说的演绎：仙人湖、仙人洞，进一步可引申为人文庭院、天桥相会、天仙亭、山水画和仙女画。

空间意境表达：以花木、奇石、喷泉和冷雾营造如仙之境。

（五）茶马古道景观轴

1.定位依据

"茶马古道"具有极其重要的历史地位和经济文化交流意义，被学术界称为"世界上地势最高的文明文化传播古道之一"，是与古代中国对外交流的海上之道、西域之道、南方丝绸之路、唐蕃"麝香—丝绸之路"相并列的第五条国际通道。今天，随着现代交通的兴起，茶马古道虽已丧失了昔日的地位与功能，但它作为中华民族形成过程的一个历史见证，作为今天中华多民族大家庭的一份珍贵的历史文化遗产却依然熠熠生辉，并随着时间的流逝而日益凸显其意义和价值。茶马古道是一个极具文化底蕴和开发价值的珍贵文化遗产，是一份丰厚的旅游资源。我们要开发出茶马古道的历史文化价值，通过景观轴的打造让游客"踏寻历史足迹，感受古道遗风"。

作为茶马古道中的一段，双龙滩村—硫磺沟—弄弄沟线路是一条多姿多彩的民族文化走廊。

2.规划思路

以弄弄沟村为起点，中间经硫磺沟，以双龙滩村为终点，三点连线，打造茶马古道景观轴。通过景观轴的辐射带动沿线周边区域的旅游发展。

3.茶马古道文化的演绎

以茶马古道文化为本，发掘茶文化、文化走廊、农业观光、咖啡文化，打造茶马亭、古道节点、旅游商品、农耕、田园、农产品、咖啡园、咖啡厅等项目。

4.核心要点

以古道为轴线，以茶文化、咖啡文化为底蕴，以弄弄沟、硫磺沟、双龙滩为三大节点，沿轴打造休闲娱乐、文化长廊、观光品味等旅游小项目。

从茶马古道的起点弄弄沟村到终点双龙滩村，选择地势相对平坦的地方，修建茶舍、咖啡厅、农家乐、疗养区等，供徒步游客休憩。

（1）文化长廊

在茶马古道主入口设置介绍牌、指示牌，指引游客旅游。

根据地形走势及特点，在古道的适当地方修建茶马亭，并在亭内设立文化展示牌，向游客分段介绍茶马古道的历史及文化。

沿途分段放置茶马雕像，向游客传达"茶马古道—人定胜天"的精神。

打造茶马古道旅游商品，如形象纪念品、地方特色小吃、茶叶、旅游日用品等。

（2）观光品味

在双龙滩村、硫磺沟已有的咖啡种植基础上扩张规模，并扩大对茶叶和其他农作物的种植，倾力打造茶园、咖啡园，渲染茶文化、咖啡文化氛围，形成农业旅游观光带，并与茶马古道相连，让游客玩在途中，乐在途中，品在途中。

（六）近郊农业观光园

打造近郊农业观光园，游客可在双龙滩村"聆听田园天籁之音，品味咖啡醇厚之韵"。

1.定位依据

（1）区位优势

双龙滩村紧邻攀枝花市城区边缘，属于城市近郊区，交通十分便捷，距市中心仅20公里。

（2）自然资源

森林资源：近郊农业观光园位于大黑山森林公园脚下，原始森林密布，空气清新。

水资源：双龙滩水库海拔1300余米，山泉涓流，蓄水形成水库。库容20余万立方米。库区山清水秀，景色宜人。

自然景观：龙家火山又名美女晒羞（因形似美女仰卧而得名），雄奇壮美，巧夺天工，是一处神奇奥妙的天然景观。

花生坪子：芳草青青，绿影婆娑，鸟叫蝉鸣，更有一地形似花生的石头。它们胖胖的，鼓鼓的，油滑发亮，是大自然赐给这方沃土的礼物。

（3）产业优势

双龙滩现有的秦氏咖啡种植基地、万头生态养殖园和核桃林为观光农业的发展奠定了基础。

（4）大三线工业景观（矿山公园）

大三线工业景观包括兰（朱）矿山露天采矿矿坑、垭口观景台、采矿工艺流程、排土场治理工程和高台阶铁路排土场等。

（5）人文景观

人文景观有狮子山大爆破遗址、垭口观景台、茶马古道、双石马、打儿洞、石观音、两口子石包、莺歌岩拍摄《剿匪记》的外景地。

2. 总体定位

近郊农业观光园的总体定位是"聆听田园天籁之音，品味咖啡醇厚之韵"。

双龙滩内的生态农业观光园和大面积的基本农田保护区有着最原始的生态美、自然美，它们带给游客的是如画的田园风光。游客置身其中，能听到大自然的呼吸声，能听到自己的心跳声。

双龙滩的太阳给了双龙滩咖啡别有的"韵味"。这里的人们种咖啡、爱咖啡、品咖啡。游客从咖啡的醇厚味道中能品出这里村民的憨厚与朴素，能品出这里太阳的味道。

3. 形象定位

近郊农业观光园的形象定位是"回归自然的生活空间，放松身心的田居山庄"。

形象宣传语是"珠戏双龙，且听滩声"；"游咖啡故里，览矿山奇景"；"田园风光，都市人的奢侈品"。

4. 规划构想

近郊农业观光园的规划构想是"一心、两轴、四片区"。

"一心"：游客接待中心。

"两轴"：人文景观轴、矿山观景轴（三线主题博物馆）。

"四片区"：生态农业观光旅游区、野游体验区、野外拓展区、林中游乐区。

5. 核心思路

（1）游客接待中心

以村委会为中心，建造游客接待中心。

游客接待中心主要包括广场、接待处、银行、售票处、文化墙和解说长廊。广场中心设立图腾雕像，设有"双龙戏珠"和水池等景观，向游客展示双龙滩文化。在广场四周布置指示牌和导向牌。

文化墙主要通过影像播放、板报、展览等向游客详细介绍各个景区概况、特色。

双龙滩的新村采用散居和小型集中居住相结合的布局方式。

小型集中居住点主要布置在三、四组，规模在80人以下。

在三、四组村民集中聚居点，再围绕游客接待中心，带动农民做好餐饮、住宿和超市等，为游客的衣食住行提供便利，也使农民增收。

散居多为自建住宅或不愿意搬迁的居民居住点，可在建设新村的同时对之进行风貌改造，美化民居，并可引导散居者做起旅行小舍、咖啡小屋或餐馆等。

（2）人文景观轴

人文景观轴由北向南，以双龙滩境内的茶马古道为主线，以支路串联起石观音、打儿洞、观音庙、两口子石包（情人谷）、龙家火山、花生坪子等景点。每个景点设置介绍牌、导向牌。

情人谷

相传在很久以前的双龙滩村，有一男子，器宇轩昂，家境殷实；有一女子，聪明贤惠，出身寒门。"门不当，户不对"的两人在当时一般是不会有好结果的。但月老却毅然为他们牵起了红线。无奈，造化弄人。就在两人奔向自由爱情的途中，却受到了世俗的谴责和阻挠。两人坚定了要在一起的心，却冲不破世俗的牢网，只好相拥在一起化身为石。

后人为了纪念这对恋人和他们刻骨铭心的爱情，称他们化石之地为"情人谷"。

在山谷中建一条道路连通两山，打造爱情走廊，再沿爱情走廊牵上"月老的红线"。

双石马、打儿洞

古时候，银江镇被金沙江隔成两部分，南北的人们没有来往。为了能去江的另一边，人们便取石修桥。时至今日，路边仍然横卧着当年取石用的两块巨石。由于巨石如骏马一般栩栩如生，故名双石马。

大桥竣工的那天，人们彻夜欢腾庆祝，酒足饭饱才回家。有个多年无子的醉汉在回家的途中发现其中一块巨石闪闪发亮，走近一看，原来光是从石头上的一个洞里发出来。为了探寻究竟，壮汉捡起一颗小石头扔进洞中，亮光迅速消失了。之后，壮汉也就离开了。不到一年，壮汉的妻子生了个大胖小子，村民们都惊诧不已。壮汉思来想去，总觉得是那个石洞的原因。于是，村里的新婚夫妇也纷纷去向那块石头上的洞里投入小石，后来他们也喜得贵子。

双石马、打儿洞之名源于此传说。

石观音

相传，大黑山原本山穷水恶，烟瘴四起，经常有妖怪出没，偷食牲畜，残害百姓，闹得人们不得安宁。一日，刚参加完王母娘娘蟠桃宴寿庆的观世音菩萨从此经过，见人间此景，便发慈悲，点化一座大石镇住大黑山。从此大黑山山清水秀，鸟语花香，人们得以安居乐业。

为了纪念观世音菩萨造福于民，大家便称这座大石为石观音。

烧人堡

古时候在此山中有一恶霸，平日烧杀抢掠，无恶不作，更喜欢夜间下山夺人婴孩并烹食，祸害一方百姓。为了惩恶除霸，村民们齐心协力设陷阱将其捉拿，在此堡用"烧"之刑祭奠那些无辜的孩子，故得"烧人堡"之名。

烧人堡地势高耸，视野开阔，登临于此，可仰望巍巍大黑山，可俯视矿山景观，一览双龙滩的美景。

莺歌岩

莺歌岩，属大黑山森林公园的缓冲地带，地处攀西裂谷中段，山势险峻，林木葱茏。这里是莺的栖息地，它们娓娓鸣叫，清越婉转，故此处得名莺歌岩……加之这里沟、水、林、岩兼备，雄、奇、秀、险毕集，还是拍摄《剿匪记》的外景地。自然与人文的交汇，形成了独特的景观。

（3）矿山观景轴（三线主题博物馆）

矿山观景轴由西向东，以三线矿山公园、狮子山大爆破遗址、垭口观景台三个景点为主体。

在三线矿山公园旁打造主题博物馆。其展陈可以"三线建设"为主题，分为"三线起源""三线建设与工业迁移史""三线建设与毛主席的战略思想""三线建设与国防"四大部分。充分利用现代展陈媒介，向游客重现因矿而兴的银江难以抹去的历史记忆。

狮子山大爆破遗址以最原始的形态面向游客，通过展报、动画演示、实物形态等向游客还原当时爆破的整个过程。

（4）生态农业观光旅游区

在发展现代农业产业上，充分利用双龙滩村的农业资源和现有的秦氏咖啡种植基地及核桃林，发展种植—观赏—体验—品鉴的产业链。

咖啡品鉴中心

对现有的咖啡种植区进行景观布局，沿小道打造观光线路，供游客近距离观赏咖啡树和采摘咖啡果。

在咖啡园区旁建造咖啡品鉴馆，并提供咖啡加工配套设施，让游客自助加工和品尝咖啡。品鉴馆内通过介绍牌和真人演示的方式向游客展示咖啡文化。还可以打造多形态的咖啡商品。

现代农业园区

在基本农田保护区，以适当比例搭配种植各种农作物，营造田园风光。

观光园

通过土地整理，共有约30亩土地。在这些土地上，可以种植水果、蔬菜等特色农作物。规划后的产业区由村集体经济组织（或者成立农业综合开发公司）进行集中管理。

在现有的核桃林园的基础上，尽可能多地引种培育适合该地生长的瓜果，如杧果、桂圆、莲雾等，并以果树命名园区，如"杧之恋""桂之缘""莲之舞"，打造成集果树观光、采摘、品尝、加工包装、实验示范、购销与求知于一体的娱乐观光园。

开展果树采摘活动、花果体验活动等，使游客在"种农家地，干农家活"中获得乐趣与体验，体验田园生活，感受农民的艰辛与丰收的喜悦。

（5）"野猎"体验区

"野猎"园

在保证游客安全的前提下，在寒坡岭垭口附近专门划出一片区域，养殖鸡、兔等，让游客体验"捕猎"的过程。

在"野猎"园内撒播健康环保的野菜种子，待其长大可食后，给游客配备篮子和铲子，让游客体验"挖野菜"的乐趣。

鲜味山庄

在鲜味山庄里，提供鲜美的食材给游客加工，也可让游客加工自己采得的野菜食材，获得"野炊"的乐趣。

（6）野外拓展区

野外拓展区有登山栈道、林地野战、素质拓展、山地自行车、溜索等。

（7）林中游乐区

依托大黑山森林公园，在保护森林植被的基础上，打造原始林中游乐区。游乐区里有植物隧道、亲子游乐园、林荫小道、林中茅舍等。

（七）现代服务业基地

沙坝村的现代服务业基地能"触摸时代脉搏，彰显新城风貌"。

根据《攀枝花市东区新村建设总体规划》，我们了解到"沙坝村的一、二、三社被确定为城市东扩发展拓展区，五道河村民将集中布置在沙坝五社，以及东区银江镇镇政府将计划迁入沙坝村内"。

可见，未来的沙坝村将成为东区银江镇新的综合政务服务中心，也将聚集更多的消费群体。

鉴于此，我们认为在未来的几年里，沙坝村应围绕政务中心，着力打造商业步行街，餐饮娱乐街，家居、家私、家纺装饰城，图腾文化广场，"四位一体"的汽车交易平台，以及高端汽配城、大型连锁超市、精品水果市场，这既能凸显沙坝新城的时代风貌，又能为农民提供更可靠的就业保障，解决当地3000~5000人的就业问题。

1.规划思路

（1）抓机遇，布新局

紧紧抓住城市东拓发展、东区建设区域性商务中心区的机遇，合理规划布局，做大做强第三产业，把沙坝打造成攀枝花居住、餐饮、娱乐首选目标。

（2）做好土地流转，确保农民的利益

土地流转的过程中及之后，要解决好农民的安置、就业和社会保障等问题。成立和发展农村集体经济组织，鼓励村民投资入股，以村级集体经济组织进行招商引资，保证农民就业稳定，拥有长期稳定的生活。

（3）引导培训，促进就业

加快劳动力转移，建立服务行业培训机构，对农民进行就业指导。这既可以解决农民就业问题，又可以实现农民安居及文化、技能等水平的提升。

2.核心要点

（1）商业步行街

在商业步行街，引进国内知名连锁时装品牌，联合打造具有民族特色的服装品牌，如彝族服饰。还可以制作特色食品、装饰品、纪念品等。建设大型高端综合购物商城。

（2）餐饮娱乐街

在餐饮娱乐街引入品牌餐饮、特色餐饮，并建成以药材、药浴为特色的休闲洗浴中心，还有KTV歌城、夜总会、宾馆、酒店、茶园、观景亭等，满足市民休闲活动的多样化需求。

（3）家居、家私、家纺装饰城

随着新城拓展和居民小区建设，人们对家居、家私、家纺装饰有一定的需求。建造家居、家私、家纺装饰城，既能满足市场需求，也能提升当地商业人气。

（4）图腾文化广场

修建一座具有代表意义的图腾文化广场，如同兰州的黄河儿女雕塑一样，将其打造成主题景区，以增加沙坝新城的知名度，并成为东区的一个旅游亮点。

（5）"四位一体"的汽车交易平台和高端汽配城

依托沙坝村现有的汽车产业服务带，建立包括整车销售、零配件、售后服务、信息反馈为核心的"四位一体"汽车特许经营模式，并借此打造攀枝花的高端汽配城。

（6）大型连锁超市和精品水果市场

建立大型连锁超市和精品水果市场。这不仅能够满足周边居民购物休闲的要求，同时也能解决一部分农民的就业问题。

四、规划设计

（一）基础设施规划

1.道路交通规划

（1）路网格局

结合地形，双龙滩村和弄弄沟村保持现状过境道路，在阿署达村内修建"人字形+环形枝状"路网。

（2）道路工程

通村道路是对外连接国道和其他村庄的主要道路。阿署达、弄弄沟和双龙滩等继续改造现状村道。进村入口至公共建筑群路段，规划红线宽7米，其余路段红线宽4.5米。

村落内主要道路是各片区组团内部干道，红线宽度单车道3.5米或4.5米，局部路段设置错车场地。

步行道路包括各组团内部巷道、入户道路及住宅组团外部的步游道，巷道宽2米，入户路和步游道宽度1~2米，石板铺砌。

道路断面均为一块板，道路两侧设置排水边沟，有建筑的路段一侧种植行树。

结合公共建筑，在三地各修建一处公共停车场地，方便村民和游客停车。弄弄沟村中心广场及道路的一侧也可停车。

在靠近国道的主入口处增建一个招呼站。

技术经济指标：公路最大纵坡8%，最小纵坡0.3%，最小平曲线半径20米。

2.景观规划

（1）节点景观设计

整治现有的田坎、堤岸，将亭、台、园路与汀步等景观元素与荷塘相结合，四周以果林环绕，点植碧桃、垂柳，形成"桃红柳绿"景观。

（2）河流景观设计

改造场地内现有河流景观廊道，利用微地形、小品、铺地、构筑、树阵等多种景观元素构成富于变幻的小型开敞空间，串联整个河流廊道景观。此外，丰富多样的植物群落也为河流生态系统提供有力的支撑。

（3）山林景观设计

两侧山体间隔种植观赏林，增强山体的绿化景观效果。开辟采摘体验园，配套相关休憩、服务设施（木栈道、休憩凉亭、座椅、园灯）。

3. 竖向工程规划

街区竖向工程规划采用"结合地形布置建筑，以及建筑分条、台"的方法，不改变自然地形坡向，避免深挖高填，这样有利于节约投资，加快建设进程。

4. 管线工程规划

（1）给水工程规划

用水指标及用水量预测

结合弄弄沟实际，预计2010—2015年人口增长率控制在3‰左右；2016—2020年人口自然增长率控制在2‰以内。2015年机械人口增长150人/年。此时，由于洋房和别墅渐趋饱和，可取至2020年机械人口增加80人/年。因此，2015年人口预测为1740人，2020年人口预测为3200人。通过计算，规划区内最高日用水量为818.8立方米，时变化系数取1.5，给水管网设计秒流量取3.0升/秒。考虑到消防，管网设计按10升/秒设计。

水源

规划区用水以地表水为水源，部分区域接市水管，从高位水池引水进各户蓄水池。为了保证用水水质以及水量，规划要求必须经过相关专业（管理）部门进行水质化验及水量测算（包括地质勘探），以便核实本次规划水源地选择是否合理。最终的水源地选择应该由相关专业（管理）部门做出"村水源地论证报告"才予以确定。

远期，如基础设施条件成熟，可依托沿道路两侧敷设的城市给水干管，以完善村里的供水系统。

管网布置

给水管网采用"主干管配枝状环网"的布网方式，沿规划道路及步行梯道敷设给水管道。为满足室外消防要求，室外配水管管径不小于DN100。

（2）排水工程规划

排水体制

根据当地环保部门的要求，规划区内排水体制采用雨、污分流制，即污水收集后集中处理，雨水就近排入自然水体。

水沟纵坡应不小于3‰。排水沟断面建议户外排水明沟20厘米×30厘米，暗沟30厘米×30厘米；分支明沟40厘米×50厘米，暗沟50厘米×50厘米；主沟明暗沟均在50厘米以上。这些设计均为保证维修方便、堵塞物易清理。同时，每隔30米，在沟渠主支汇合处设置一口径大于50厘米×40厘米、深于沟底30厘米以上的沉淀井或检查井。

雨水工程

雨水排泄不专门设管，以就近、尽快排放为本。充分利用规划区内地形情况，将现状自然排水沟渠规划整治后，作为规划区内排泄雨水和山洪的通道。

由于四川省现有几个地区暴雨强度公式多在川西川南川北，本规划采用以下暴雨强度公式：

$$q=\frac{2822\left(1+0.775\lg P\right)}{\left(t+12.8P^{0.076}\right)^{0.77}}$$

重现期采用1~5年，个别重要地区可采用10年，地面集水时间为5分钟，综合径流系数根据规划范围内不同用地分别确定（建议采用较高标准，其延缓系数当地面坡度小于5‰时取2，大于5‰时不采用，综合径流系数取0.65，绿地取0.15）。

污水工程

污水量预测：生活污水量按平均日用水量的85%计算，未预见污水量按总污水量的10%计，地下水渗入按上述污水量的5%计，本项目规划区产生的污水量约为500立方米/天。

．污水处理：污水处理率达90%，其总污水处理规模为450立方米/天。污水采用集中处理方式，污水由污水管收集送至沟田附建的化粪池里。

污水管网布置：沿规划道路铺设污水管道。在车行道下的最小覆土厚度宜大于0.7米，最大覆土厚度不宜大于7~8米，在街道上的最小管径不小于D300。管网材料可以根据地方实际采用混凝土管或塑料管，依地势铺设，坡度应不小于3‰。

（3）电力工程规划

根据现状，结合经济发展情况，将农业排灌、农业生产、农副产品加工、市政生活用电等电力系统负荷纳入用电规划。

供电电源为花萼镇10千伏输电线，规划区属二三级负荷标准，考虑到现实情况，建议多采用三级标准。区内设箱式变电站一座，变电站低压回路均为放射与树枝状结合的形式供电。

10千伏电力线采用架空杆线布设，规划建议380伏/220伏低压线路全部采用电缆埋地并沿道路敷设，近期可以采用架空线路结构。例如，采用架空线路时，根据地形特点和网络规划，沿道河、绿化布局，路径力求短捷、顺直，减少同道路、河流的交叉。

（4）电信工程规划

规划原则。电信工程规划根据上一级规划所制定的原则要求，按适当超前的发展速度，加快建设高速、宽带数字通信网。推行"户线"工程，搞好城市综合布线系统，为本区经济、文化的发展提供高效能、多层次的现代化通信服务。

市话用户预测。固定电话安装普及率按40门/百人考虑。考虑移动通信的发展，最终需要电信部门按1280对电话电缆规划来敷设。

电信局所及网络系统规划。依托攀枝花市电信局和镇上电信网络向规划区配线。

（5）能源规划

逐步改变燃料结构，采用液化罐装气为规划区主要燃料，并辅以使用电力作为必要的燃料能源补充。待今后燃气管道铺设完成后，有条件的可以依托市域天然气系统供气。

（6）路灯照明规划

路灯选型：路灯市政通用造型。

路灯设置：路灯每隔15~20米设置一个。

路灯电缆选型及敷设方式：路灯电缆采用VV22全塑电缆，敷设方式为直埋敷设。

（7）CATV系统规划

光纤电视电缆由本市有线电视网引来。主干光纤电缆穿管与通信电缆同沟敷设，主干光纤电缆采用SYWV-75-9电缆。

设总的有线电视接收放大器箱一个（具体位置与有线电视部门商定），每幢设有线电视器件箱一个，保证用户端输出电平值为64±4dB。

（8）管线综合规划

基本原则：管线工程规划包括给水、污水、电力、电信等管线。在规划中，应着重考虑今后各单项管线工程设计、施工、管理的方便，同时兼顾其安全性，并注意节约用地。

为避免给水与污水相互污染，强弱电相互干扰，原则上布置在道路下的各种管线从道路红线向道路中心线方向平行布置，一般应遵循的次序是：道路西、北侧为电力、给水；道路东、南侧为污水、电信。

竖向综合：车行道下，管线的最小覆土厚度为0.7米。各种工程管线交叉时，自地表向下的排列顺序宜为电力管线、电信管线、给水管线、燃气管线、污水排水管线。若出现交叉时，应遵循小管让大管、压力流管让重力流管、可弯曲管让不可弯曲管等原则进行调整。

（二）环境保护和环卫设施规划

1. 生态环境保护

依据《中华人民共和国环境保护法》《水污染防治法》以及有关大气、地面水、城镇区域环境噪声等标准来规划环境保护和环卫设施。充分考虑经济承受力和环境效益，以环境现状为基础，量力而行，分期实施。根据国家环境质量标准制定环境质量控制指标以及相应的环保措施。充分考虑各污染源的具体情况，依照用地布局划分村镇环境区和水体保护区。

新建项目的选址、定点都必须符合本规划的要求，严格控制污染项目进入。所有污水均应排入污水管，经科学处理后排放。生活污水处理率达90%。

大气污染的防治，是将清洁燃料和清洁燃烧技术相结合，以节能和改善能源结构为重点。

固体废物的处理以妥善处理有毒有害废渣为重点。推行垃圾无害化处理。按照无害化、减量化、资源化的原则，对生活垃圾采取分类收集、集中处理的方式。规划期末生活垃圾无害化达95%。完善公厕、垃圾收集点等环卫设施。将生产、生活垃圾集中运往垃圾场作无害化处理。

噪声环境治理按照国家标准执行。局部地段因特殊情况无法达到国家标准的，可采用必要的管制措施。

2.环卫设施规划

环卫设施规划原则：统一规划、合理布局、因地制宜，配套建设、依靠群众、化害为利、造福村民。

环卫设施规划：生活垃圾由垃圾收集点转运到垃圾站，后运往东区银江镇中转垃圾站点处理。生活垃圾的收集采用"每户分类收集—村集中—镇中转—市域处理"的方式。

垃圾收集点的设置。垃圾收集点位置应固定，既要方便居民又不影响卫生和景观环境，还要便于分类投放和分类清运。生活垃圾收集点的服务半径不宜超过70米。生活垃圾收集点可放置垃圾容器或建造垃圾容器间；垃圾量大的地方可以设置垃圾收集点。

公厕：在各村分别建一座独立公厕。

废物箱：沿主要道路按25~50米间距布设果皮箱。

3.防灾规划

（1）防震规划

根据《中国地震动参数区划图》（GB 18306—2001）、《建筑抗震设计规范》（GB 50011—2001，2008年局部修订），规划区抗震设防烈度为6度，新建建筑或构筑物应按国家相关技术规范进行设计和施工。生命线工程提高1度设防，并按各自抗震要求施工，制订应急方案，以确保地震时能正常运行或很快修复。加强对建筑物、构筑物、工业设备的抗震鉴定及加固工作，严格遵循抗震加固技术管理办法，提高抗震加固质量。

供水、供电、燃气、通信、医疗等城市生命线工程设施，按抗震设防烈度7度设防，以保证生命线系统在地震灾害中最大限度地减少损失。

规划利用新农村内部的公共绿地、广场及外围田野等开阔空间作为避震疏散场地。疏散半径满足300~500米，人均避震面积不小于4平方米。村里主要道路作为疏散通道。

对易发生次生灾害的单位，一方面进行合理的规划布局，另一方面逐步进行抗震加固。加强地震火灾源，特别是油库、天然气储气站等的消防、抗震措施。

（2）防洪规划

根据《防洪标准》及《村镇规划标准》，按照20年一遇洪水水位标高设防。

加固维护排洪沟渠，应避免出现垮塌现象。重点防范来自周边山体的山洪，加强截洪沟的建设；保留现有的冲沟作为泄洪通道，保证泄洪通道的常年通畅；完善雨、污分流排水系统；加强防护林建设，防止水土流失，涵养水源，减少地表径流。

构建高效的防洪抢险指挥体系。组建由政府领导、专家组成的防汛抢险指挥中心，分区域、分部门负责；编制完善防洪排涝预案和应急抢险方案。根据不同情况的灾情，启动不同的应对措施；建立科学、先进、完善的雨情、水情预报和警报系统，加快信息系统的建设；积极开展洪灾保险。防洪要做到防患于未然，也要有依靠全社会力量挽救灾情的准备。

（3）消防规划

消防采用低压制，同生活给水共用一套管网系统，按同一时间内火灾次数为1次、1次灭火用水量为10升/秒、2小时消防延时的最不利情况来校核规划区给水系统。室外消火栓沿规划区主次道路布置，间距一般不大于120米，并在道路交岔口保证有一处消火栓。

（4）地质灾害防治

应清除危岩，修筑挡墙，治理欠稳定岸坡，以保证河道泄洪安全。应在公路两侧潜在不稳定斜坡处修建挡墙支护，治理后缘侧缘排水沟渠。针对有灾害隐患的区域，采取培育生态林地、做好工程防护等防治措施。新村建设用地应避开这些区域，确保人民的生命财产安全。

（5）规划实施措施及建议

维护规划的严肃性。规划一经批准，就具备一定效力，不得擅自修改；确需修改，必须报原审批机关批准。

规划批准后，应尽快制定与其相应的规划实施管理细则，并加强规划的宣传和教育活动，如广泛利用广播电视等多种媒体扩大宣传，让村民理解、支持规划建设。

加强规划管理专业队伍建设，培养一批懂业务、重事业、思想素质高的规划管理专业人员，确保规划的贯彻实施。

坚持先地下、后地上，基础设施先行的建设序列。建设时，应由建设管理部门牵头，综合协调各个基础设施部门，同时施工或预埋，避免重复开挖。

本规划涉及的各工程项目建设先期必须按国家相关技术规范进行专项的地质详勘和建设安全评估，以此评估为依据，并按规范进行设计和施工。

在实施规划前，必须明确是否有重大市政线路穿越该区域。如果存在穿越线路，新建项目必须按照相关的国家规范要求采取避让和防护措施，以确保项目的安全建成。

都市花园　魅力花城

——绵阳市安州区花荄镇两化互动、
统筹城乡产业策划暨发展规划

（规划编制时间：2013年）

第一节　项目概况

一、自然地理状况

花荄是一个具有2000多年历史的文化古镇。古为羌人聚集地，是羌族小部落冉駹国国都所在地。秦并天下后，汉人逐渐进入。两晋时期毁都建县，相继为益昌县、西昌县驻地。宋代改县为镇，谓之西昌镇。明代中叶，为纪念汉将军花衡芝，改西昌镇为花街镇，又称花街场。后因"街"字欠雅，1948年更名为花荄镇。2002年4月安县县府驻地迁址花荄镇，花荄镇正式成为安县政治、经济、文化的中心。花荄镇面积97平方公里，5区18村。总人口80571人，农业人口33878人。

二、区位交通状况

花荄镇东北与江油市方水乡接壤，南与安县界牌镇毗邻，西南与绵阳市河边镇相邻，西接安县兴仁乡镇，北靠安县黄土镇。花荄镇最大地理优势是地处中国科技城绵阳之西，紧邻绵阳国家级高新技术产业区。在交通方面，花荄镇距108国道——成绵高速公路11公里，距绵阳火车站20公里，临近宝成铁路和成绵广高速、108国道、绵渝高速等3条高级公路，成西高铁成都至绵阳段将于2012年7月通车运行，交通网络十分完善。规划区内，村道连接各行政村，交通便利。总的来说，花荄镇地理位置优势十分突出。

三、基本状况

（一）重点规划的四村概况

1.联丰村

联丰村与新县城隔河相望，面积9.2平方公里，辖10个村民小组，625户，人口1737人。先后被县委、县政府授予"五好村党支部""文明村""平安创建村"等称号。

2.红武村

红武村位于花荄镇东部，距场镇4.9公里，与江油市方水乡白玉村、花荄镇柏杨村相邻，是个典型的丘陵村。面积7.5平方公里，辖12个村民小组，568户，人口1762人。

3.六合村

六合村位于安县花荄镇东部，属浅丘地区，距县城5.5公里。面积4.6平方公里，辖7个村民小组，550户，人口1477人。

4.回龙村

回龙村位于新县城城乡接合部，毗邻新县城，属于丘陵地貌。面积8.2平方公里，辖11个村民小组，521户，人口1388人。

（二）建筑现状

花荄镇在两年多的灾后重建中，新建了前进十三组，柏杨五组、八组，先林一组等多个集中安置小区，21980户住房重建、加固全部完成，农房院落风貌提升，并已投入使用。

其他部分村民住宅呈散居形态，多砖混、砖木建筑，房屋老旧，建筑质量较差，风貌较杂乱，缺乏地方民居特色。

（三）产业现状

规划区目前主要产业为种植业、养殖业，少量农户从事服务业。农业主要以水稻为龙头，水果种植已经成为支柱产业之一。

（四）基础设施和服务设施现状

1.道路交通

辽宁大道、辽安路、塔九路、皂河路、花方路、物流通道（花荄段）已全面建成通车，绵安北第二快速通道（花荄至金家林快速通道）即将竣工通车，物流通道、一环路建设全线开工，花荄镇到兄弟乡镇及江油、绵阳城区"半小时交通圈"基本形成。改建、扩建村道182公里，新建村、组水泥道路156公里，23个村（社区）全部通上了水泥路。

2.供水排水

已完成一大渠灌区、先林提灌站灌区、新开堰灌区3条水系整修工程，建成了红武、柏杨、兴隆、回龙、先林、前进、六合、太平等9个安全饮水工程。新建24个提灌站，改造整治了16个提灌站。新建和整治沉井83口、机井71口、山坪塘1230口。疏通沟渠21公里，新建引水渠12公里。"三建五改"5392户。新建小二型水库5座。新建农村集中供水站9个。解决红武、狮子、回龙等村3000多村民人畜饮水问题。

3.供电通信

村民用电来自城市电网。通信状况良好，无信号盲区。

4.燃料使用

村内居民可烧液化气，部分村民使用天然气、煤，少数村户采用沼气池供气。

5.公共设施

在两年多的恢复重建里，村（社区）组织办公用房和道路、桥梁、供水管网、燃气管道、学校、医院、广电通信等民生和公益设施已经全面恢复并投入使用。敬老院入住孤寡老人32名。部分村配套完善了便民服务中心、农民培训中心等"1+6"服务体系，最大限度地发挥了村级活动场所服务党员群众、服务新村建设的"主阵地"作用。

四、存在的问题

经过调研，我们发现安县花荄镇在新村建设方面存在以下问题。

相当多的村民外出务工，留下老弱妇幼在村里，农村劳动力外流严重；有些村民没有一技之长，只愿从事无技能要求的行业，增收有限；资金投入不足，延缓了新村建设；没有较大规模的企业，税收较低；等等。

第二节　项目规划思路

一、项目规划年限

近期建设规划与安县花荄镇"十二五"规划相衔接，是花荄镇总体规划的核心内容，也是实施绵阳市总体规划的重要步骤。近期规划以联丰村、红武村、六合村、回龙村为发展重点，18个行政村各单项项目逐步推进，在联动的基础上实现本规划的总体目标。

规划年限为4年，即2012—2016年。

二、项目规划目标

规划目标为打造"经济发达、人民富裕、乡村文明、社会和谐"的城镇，总目标是争创全省统筹城乡农村示范区。

三、项目规划的产业目标（"十二五"期间）

全镇产业目标：生产总值达到16.2亿元，年增长15%；人均收入达到

10238元，年增长10%；农业总产值达到5.04亿元，年增长4%；工业总产值达到25.3亿元，年增长15%。

产业发展要切实增强"争先意识、创新意识、开放意识"，稳步推进八大产业经济片区的联动发展。

围绕辽安路一线开发构建新型休闲度假区，逐步实现"农业生态化、工业高科化、旅游特色化"的目标。通过五年努力，将花荄镇建设成绵阳市城区近郊乡村旅游观光地、全市统筹城乡发展的排头兵。

我们要通过规划与建设，使人民的生活更加幸福，要通过发展把花荄镇建成"四川省一流强镇"，要在巩固"省级统筹城乡新农村示范片"的基础上再争创"省级社会管理示范镇"。

四、项目规划思路

规划区域的发展主题：工业强镇、三产富镇、新村靓镇、和谐兴镇。

发展主线：强力推进城乡一体化进程。

发展的根本：提高全镇人民的生活品质。

三大发展构想：强化"一心"、打造"两轴"、发展"四组团"。

项目规划中要助力实现的联动目标：推进新村建设、壮大财税经济、改善民生民本、创新社会管理、强化组织保障。

项目规划思路的核心：整理建设用地、规划产业发展、布局新农村综合体、创新社会管理。

五、项目SWOT分析

（一）优势

区位优势：花荄镇为安县县政府所在地。处绵阳半小时经济圈内，成都两小时生活圈内。

交通优势：辽安、辽宁大道贯穿花荄镇全境，衔接宝成铁路和成绵广高速、108国道、绵渝高速等3条公路。

产业特色优势：绿色生态特色农产品已规模化，特色乡村旅游经济为生态产业的发展铺就了天然基础。

（二）劣势

产业类型单一，一、三产业尚没有形成良好联动。

劳动力从业结构不合理，农业科技化程度低。

基础设施建设还需完善，资金短缺。

基层人才结构不合理。

（三）机遇

开发机遇：统筹城乡建设，推进城乡一体化，建设新农村综合体，为花荄镇的产业发展和空间整合提供了机遇。

发展机遇："十二五"规划的导向性和中央"一号文件"所关注的科教兴农为花荄镇新农村综合体发展提供了政策条件。

（四）挑战

企业在带来利润、实现就业的同时也会带来环境污染。所以我们要在规划产业的同时注意对污染物的处理，保护好环境。

周边各村的产业资源与本项目地的产业资源有同质之处，需处理好与它们的竞争与合作关系。

六、村综合体建设发展思路

（一）一个项目突破口

新农村综合体建设离不开土地。要合理规划、整合建设用地，提高土地的利用价值。

（二）四个发展支撑点

结合自然资源和区位其他优势，对花荄镇的联丰村、红武村、六合村、回龙村进行重点打造，形成四个发展支撑点。

（三）六个规划

乡村休闲旅游度假区；精品果业、苗圃产业观光园；特种水产、畜牧养殖区；生态农业示范区；现代设施产业示范区；农副产品物流交易区。

七、项目发展蓝图

（一）总体发展目标

花荄镇是绵阳市近郊镇区，要按照新村建设特色突出的四川省一流强镇的目标，对项目的18个行政村进行合理规划、布局和升级，奋力打造六条发展主线。

（二）项目规划的愿景蓝图

改善村民生产条件，提高农业、工业综合生产力和第三产业竞争力，发展农村，增加村民收入。

改善村民生活条件，使村民生活更加幸福。

加大招商引资力度，快速推进城乡经济的发展。

打造安县花荄镇的新名片，为安县花荄镇带来新的发展机遇，为绵阳市民及外来游客提供一个全新的休闲度假好去处，创新城乡经济发展的新模式。

实现城乡的统筹发展和资源的合理利用，提高土地资源利用效率。通过增加新的集体建设用地，使土地、劳动力等资源实现城乡间的合理配置，推进城乡社会事业和基础设施的共同发展，解决"人往哪里去，钱从哪里来"的根本问题。

通过一至两年的努力，将安县花荄镇打造成"都市花园，魅力花城"。

第三节　项目定位

一、项目总定位

项目总定位为"都市花园，魅力花城"。

花荄镇已有"花香四溢、香果满仓"之美名。它的猕猴桃园、五星枇杷园、梨之园、柚之园、核桃园等各色果园让人有了"花赏四时各不同，果间有趣乐无边"的互动体验。它是城市的后花园，是繁忙的都市人放缓脚步、放空心灵的魅力花园。

二、形象定位

项目规划地的形象定位为"花城果乡，城市后花园"。

"花在城里，果在乡里"，"花对果，城对乡"。花城果乡有花城—猕猴桃园、花城—五星枇杷园、花城—梨园、花城—核桃园、花城—生态园、花城—蓝莓园等。对花城进行规划时，要挖掘文化特色，依据产业特色和地域差，形成承接辐射、错位竞争的格局。

三、各子项目定位

依托丰富的水果种植产业资源举办水果节。以花荄镇本地文化的开发与发展为主，打造主题活动，形成文游品牌。项目产品包括农业观光、田园度假、现代服务业、官斗山旅游等，节日活动有猕猴桃节、梨花节、桃花节、枇杷节、柚子节、登山节、庙会、花灯节等。主题活动有书法协会、水上运动协会、艺术展览协会、果树认养协会、寻宝协会、棋牌协会、舞蹈协会、古典音乐协会等。

各项目构成

项　　目	构　　成
农业观光	生态农产品
	瓜果观光
	现代农业体验
	回族美食
田园度假	田园居游
	田园运动
	休闲养生
	商务会所
	商务旅游
	会议旅游
现代服务业	特色农家乐
	农副产品交易中心
官斗山旅游	旅游周边商品
	生态绿色产品
	官斗庙旅游
节日	猕猴桃节、梨花节、桃花节、枇杷节、柚子节、登山节、庙会、花灯节
主题活动（以协会为主要载体）	书法协会、水上运动协会、艺术展览协会、果树认养协会、寻宝协会、棋牌协会、舞蹈协会、古典音乐协会、歌唱协会、小提琴协会、流行音乐协会、诗歌爱好者协会、文学爱好者协会、美术协会、体操爱好者协会、服装设计协会、手工艺品制作协会、茶艺协会、户外运动协会、青少年培训协会、竞走爱好者协会、垂钓爱好者协会、拓展爱好者协会、美食协会、美容康体协会、科技发明协会等

第四节　项目规划内容

一、新农村综合体布局

（一）新农村综合体布局理念

推进新农村综合体建设，是四川统筹城乡发展在新的阶段下取得新突破的内在要求，是对新农村建设理论和实践的丰富和发展。农村综合体，是在场镇周边建成的、农户居住规模较大、产业支撑发展有力、基础设施建设配套齐全、公共服务功能完善、组织建设和社会管理健全的、能初步体现城乡一体化格局的农村新型社区。综合体的公共服务设施，包括道路、院坝、广场、文体设施、水电气主干道、污水管道及污水处理、公共服务设施等由群众主体、政府主导进行统一配套建设。

新农村综合体规模大，辐射宽，设施较为完善，主要为居住其间的村民和周边的村民新村提供完备的生产生活服务。

新农村综合体的布局应打破行政区域的限制。一是相当多的新农村综合体是跨村的。只有跨越了村，才能充分发挥它的辐射作用。二是有的新农村综合体要跨越乡镇。根据实际情况，新农村综合体要跨越乡镇的允许跨越，充分发挥其辐射作用。在本项目的规划中，新农村综合体布局理念主要体现在以下几个方面。

1.打造花果田园农居

打造花果田园农居要有道路主轴、观光主景等。

地域规划要以道路为主轴，通过道路、水系等建成相对独立又相互联系的组团空间。

景观规划要以花果田园为主景，通过农业景观、山林景观展示"绿树村边合，青山郭外斜"的新农村风貌。

空间布局要以花果田园为中心，各组团项目要围绕中心延展。

建筑风格要以川北民居建筑风格为主体。

2.优化建筑布局

建筑布局要突出自然山水格局，要充分结合地形，打破传统的民居布局结构，采用错排式、山居式、聚落式相结合的布局手法，创造富有变化的格局形态。

错排式：顺应地形安排2~3户为一组，每组内各户建筑高低错落，突出不规则美。

山居式：在山坡，有1~2户相对独立的农舍建筑，并有绿化景观，进一步可开发成乡村旅舍。

聚落式：对于地势开阔片区，在其空间开阔地，由4~6户形成一个围合聚落。聚落内和聚落间有路可通，但整体是由果树、菜地或花圃形成分割带。

3.实现产业联动

在保持花果田园山居风光及生态环境的前提下，通过环境的营造与景观设计，促进农业生产与旅游业的有效整合，带动一、三产业的联动发展，优化农村产业结构，实现"乡村体验、休闲及乡村发展"的新型模式。

4.丰富新农村内涵

本次对花荄镇规划要体现新农村综合体的时代内涵。具体到规划中，要求既保留乡村民俗文化、生产生活实践元素，又要凸显新时代乡村发展的成果，丰富它的时代内涵。

（二）空间布局和功能分区

根据地形、用地规模、场镇周边环境等，依托现有的主要道路，以联丰村已有的住宅聚居区域为中心，向东、南、北三个方向扩展，形成"一心、两轴、四组团"布局结构。辽安大道、辽宁大道、城区道路和村落内主要道路可以连接各个组团。

"一心"：以联丰村新农村综合体为中心，辐射带动其他新村建设。

"两轴"：通过辽宁大道、辽安大道形成的交通轴和已有布局中的发展轴串联起"一心四组团"。

"四组团"：联丰村、红武村、六合村、回龙村四个新农村综合体产业发展组团。

（三）"一心"

"一心"即联丰村新农村综合体布局，包括对项目地住宅建筑、公共建筑、公共社会服务设施、开敞空间的布局。

1.住宅建筑

保留对整个新农村综合体构建影响不大且房屋质量良好的新建砖混住宅，其余的规划为新建的住宅分片。规划新建住宅时遵循以下原则。

（1）亲水景观原则

最外层住宅建筑主立面要面向中心荷塘，并要沿着主要交通要道排列。

（2）山居布局原则

联丰村周边台地规划时，低阶台地建筑不应遮挡高阶台地建筑立面的三分之二以上，以确保建筑立面景观的开敞性。

（3）视廊通透原则

水、路、房、山之间主要的景观廊道要通透，山体绿化要向院落延展、铺伸。

2.公共建筑

完善配套的服务设施。按照规模集中、半径适中的原则，根据《中华人民共和国国家标准镇规划标准》（GB50188）中的中心村级别，以2000人为标准，配套公共服务设施。

在规划建设的游客接待中心，依托现有活动中心（村委会距离活动中心、中心广场较远），建成一幢四层公共建筑，占地2000平方米，提供餐饮、娱乐服务。建筑两侧不分主次立面，以便使公共建筑具有良好的视线对景效果。

公共建筑功能

楼　　层	功　　　　能
一层	开敞空间，可做多功能厅（举办红白宴会、村民大会）
二层	生活超市、提供农事用品商店，相关村镇配套商业服务场所
三层	文化娱乐、社区活动中心
四层	村基层组织办公室，其他办公室

3.公共社会服务设施

医疗、文娱等公共社会服务设施主要集中在公共建筑里。各组团内公共绿地和健身场所设施可供村民交流、休息。

公共社会服务设施规划

类　　别	项　　目	规划建筑面积（m²）
行政管理	村委会、警务室	90~150
教育机构	幼儿园	300~1000
文体科技	文化站、青少年活动中心、老年之家	60~100
	科技中心或科技站	20~30
	农技服务站	100
	计生服务站	100
	卫生站或医务室	180~360
	专科诊所	180~360
商业金融	生活超市	400
	生资市场	250
	综合商店、药店等	250
	理发、洗浴等	250
	饭店、住宿等	250
	物业管理机构	250
	信用社、邮政、保险机构及办事处	50
	游客接待中心	2000
交易	集贸市场	2000

4.开敞空间

（1）打造入口景观

在官斗山入口，通过布置硬地、绿地、水景、小品、雕塑打造多层次、多形态景观。

（2）中心广场

依托公共建筑，建成村民活动广场，即新村中心广场。以水景、果树、花池景观置石为造景元素，打造圆形景观组合，将广场分为公共活动区、观景区、休憩区、健身区，为村民和外来游客提供绿色生态、尺度适宜且具有趣味性的活动空间。

将广场外围坡地改造为景观坡地，种植景观树和花灌，并设生态石阶通往上面台地。

（四）"两轴"

"两轴"即辽宁大道、辽安大道形成的交通轴和大道两边经济带形成的发展轴。

1.规划要点

交通轴是规划区范围内的主要道路，是规划区的"门面"。

发展轴是指辽宁大道、辽安大道两边经济带，这里是花荄镇今后发展重要产业的地方。我们将根据两轴地带的自然属性和资源状况，建成风景道与绿化道相结合的线性旅游景观带。

2.风景绿道规划

规划风景绿道时要运用自然河段、山体等做主要衬托。道路两边的绿化设计要体现本土特色。道路两边的植被要多样化，四季更替有序，可就地保育，也可适时更换。

（五）建筑风貌

花荄镇的建筑有川北民居的风格。川北地区的街市民居，既有现代园林的建筑式样，浓墨重彩，高低错落，迂回曲折，又有青瓦、粉墙、人字顶、穿梁斗拱的建筑结构。保护川北民居，要立足川北习俗，规划打造川北古镇饱含人情味、富有乡土味、体现革命史，并与优美的自然风光融为一体的"川北遗风"建筑。

对现存的花荄镇的川北民居建筑要进行外观改造，一律突出用"小青瓦，白粉墙、人字顶"的川北民居特色，避免修建"火柴盒""方块楼"式的砖混房。民居整体风格与新建住宅统一协调。

花城果乡联丰村鸟瞰图

二、村落定位和发展规划

（一）柏杨村、先林村——"河东新区落户地，昔日旧村变新城"

"河东新区落户地，昔日旧村变新城。"依据《安县城市总体规划》、《安县城市发展战略规划》以及《安县河东片区控制性详细规划》，柏杨村、先林村已纳入安县河东新区范围，将会在5年内形成"以山水生态为特色，以休闲娱乐、康体养生、高尚住区为引领，服务绵安北的生态新城"。

（二）兴隆村——"产业做大做强，紫宝贝富强农家"

1. 兴隆村现状

兴隆村面积7.6平方公里，1700亩耕地，7个村民小组，人口1138人。

2001年成立的益昌薯业合作社，有156户会员，种植面积13000余亩，为省级示范合作社。兴隆村的加工厂已具雏形。靠近川北有农副产品市场——龙门批发市场。还有一些商店、超市，以满足村民的生产、生活需求。还有水稻制种、家禽养殖、普通淡水鱼养殖等。

2. 研判定位

"产业做大做强，紫宝贝富强农家。"抓住现有特色产业"益昌紫薯"，发展深加工，实现产品多元化，提高产品附加值。以巩固优势产业为基础，带动跨区域发展。建立仓储物流相应的配套服务机制，提供产品储藏、包装、运输等服务。

（三）竹园村——"依托空港机遇，敞开花荄北大门"

1. 竹园村现状

竹园村位于花荄东南部，临近已规划的江油九岭国际空港，距县城11.3公里，离江油5公里。地形以浅丘为主，1860亩耕地，水域面积390亩，503亩待开发用地。9个村民小组，420户，人口1136人。

以传统农业为主，水稻制种600多亩。蔬菜制种约300亩，其中150亩甘蓝、芹菜、萝卜制种，与优质种业企业共同打造蔬菜育种基地。还有部分鱼腥草种植和经济林木。

2. 研判定位

"依托空港机遇，敞开花荄北大门。"以江油九岭国际空港建设为契机培育物流配套产业，开拓花荄镇北大门物流优势。

大力发展袁隆平水稻制种示范基地和蔬菜制种基地。培育经济型花卉、林木产业。

（四）太平村——"寻山林鲜味，品珍馐佳肴"

1. 太平村现状

太平村面积6.5平方公里，离县城13公里，6个村民小组，412户，1800亩耕地；林业面积全镇最大。仅有8公里3.5米宽的水泥路面。

现有3个合作组织：苗圃种植合作社、安县鸿翔肉鸡养殖专业合作社、安县山野特种养殖专业合作社。

太平村的饮水、用水全靠自然降水蓄水。无农业旅游项目。

2. 研判定位

"寻山林鲜味，品珍馐佳肴。"向林业资源要效益，打造休闲林盘，继续发展经济苗圃优势产业。大力发展特种养殖，打造"鲜味山林"观光体验园。

（五）斩龙村——"园中品瓜香，山间论古人"

1. 斩龙村现状

斩龙村面积3.6平方公里，8个村民小组，1139人，1700亩耕地；处于龙门山脉地质断裂带，易出现滑坡；背靠绵阳高新区河边镇，离县城远，处于连接区域。浙江商人来此租地种西瓜，产品销往沿海，效益很好，但技术有所保留。其他产业或副业有传统水稻制种、蔬菜种植、家畜（猪）养殖。

斩龙村可挖掘的文化旅游元素有蒋琬墓、蒋家花碑、蒋家家谱，还有刘天官传说、刘天官墓。传说刘天官去世后埋葬于一处山垭，那处山梁形似青龙。人们认为那就是龙脉之所在。此事惊怒了当朝皇帝。皇帝命人炸断山梁，斩断龙脉。后人称此地为斩龙垭。

2. 研判定位

"园中品瓜香，山间论古人。"以刘天官和蒋家花碑为代表，讲好斩龙传说。

组织村民学习先进西瓜种植技术，以"公司+农户"形式扩大种植规模，提高经济效益。还要发展精品果业种植园。

（六）红花村——"集市赶场闹红花，合作种植发家致富"

1.红花村现状

红花村在花荄镇西部，距县城9公里，人口1326人，村内只有600米水泥道路，五、七、八组离公路较远。基本农田较多，主打水稻制种。有5个养鸡户。从1994年到现在，有逢一逢五赶集的习俗。每年由外出务工人员（400多人）赞助搞一场文艺节目。"文革"以前有座红庙子。

2.研判定位

"集市赶场闹红花，合作种植发家致富。"做发展规划方案时，要保留并利用好村民赶集的习俗，再组织好村民的文艺表演，推出独具特色的红花村品牌。

建立合作社，扩大蛋鸡养殖规模，扩大水果种植区，还可引进一些新品种水果来种植，带领村民发家致富。

（七）马安村——"草溪河畔白鹭飞，双石桥下鳜鱼肥"

1.马安村现状

马安村12个村民组，1820亩耕地。离县城较近，交通便利，有区位优势。种植业，主要为水稻制种。养殖业，有2个养鸡户。沿草溪河有水稻制种、蔬菜种植，因为这里灌溉方便。有140多口池塘，农户在池塘里养鱼。双石桥水库所有权归镇政府。可以考虑开发农家乐。

2.研判定位

"草溪河畔白鹭飞，双石桥下鳜鱼肥。"马安村可以发展绿色生态蔬菜种植。利用双石桥水库打造湖滨亲水休闲游乐区，还可以养殖特种水产。

（八）雍峙村——"花荄城外雍峙寺，夜半钟声忆将军"

1.雍峙村现状

雍峙村有15个组，1027户，人口3187人，2000多亩林地，还有新修的水库。水稻制种和外出务工是村民主要收入。村里有部分城市代征用地，有

规划好的工业开发区。有国家级水稻制种基地，以"水稻制种公司（4家）+
农户"的模式发展水稻制种。蔬菜种植方面，有100亩反季节大棚蔬菜。发
展了水产养殖，也有特种水产养殖，如年产15吨大鲵项目，还有水产科技培
训中心。其他方面开发资源还有感恩寺（雍崎寺）、花衡芝将军墓等。

2. 研判定位

"花荽城外雍崎寺，夜半钟声忆将军。"以感恩寺（雍崎寺）为中心打造
佛教文化旅游。利用花衡芝将军墓打造历史文化旅游。利用自然生态资源打
造休闲林盘。发展特种水产养殖。以国家级水稻制种基地的优势为基础，带
动镇域袁隆平农业示范基地制种产业。

（九）西桥村——"花木映农家，示范新农村"

1. 西桥村现状

西桥村是新农村建设示范村，2750亩耕地，盆地地形，10个村民组，人
口2316人。劳动力少。境内有甘露寺。

西桥村紧邻辽安路，交通优势明显；18公里通组道路，已硬化8公里。
村里水源充足，土壤肥沃。有大规模养猪养鸡户。已成功引进九叶青花椒在
农舍前后种植。

2. 研判定位

"花木映农家，示范新农村。"以"公司+农户"的模式发展青花椒产业。
以甘露寺为主体展现佛教文化。草溪河农业带，根据地形特点可考虑花卉苗
木种植。

（十）狮子村——"鹰飞击长空，狮吼震苍穹"

1. 狮子村现状

狮子村面积有6.2平方公里，浅丘为主，2300亩耕地（有些积水地，实
际能耕种的有1900亩），13个组，人口1900人。靠近辽安路、安宝路。临近
平武工业园。已有的鹰飞山庄为外地商人开发，占地150亩。

养鸭有1户，一年养殖10000多只。蛋鸡养殖有3户。10组村民养猪共

有上万头。大棚蔬菜有400亩。

2. 研判定位

"鹰飞击长空，狮吼震苍穹。"以鹰飞山庄为龙头，沿辽安路发展农业观光旅游等乡村旅游项目。依托辽安路、安宝路、平武工业园发展物流配套经济。

（十一）前进村——"农家小院生活美，新村建设展华章"

1. 前进村现状

前进村为城市规划控制区，半个村子的土地已被征用。是新农村建设示范村。前进村从2004年开始新农村建设，从中央到地方各级领导都很重视，多次来村视察。村里山地1000亩，其中竹林400亩。人口3100人。10000只以上养鸡户有3个，100头以上羊养殖户有1个，500头以上猪养殖户有3个。2个砖厂（在村里五、十组）。水稻制种发展良好，蔬菜种植成熟。花卉种植有300多亩。硬化路有一条。

2. 研判定位

"农家小院生活美，新村建设展华章。"前进村的发展要在推广村落房屋建设经验的基础上进一步提升村居风貌，建设新村，打造优美的农家小院。还要以基础设施建设助推产业发展，利用竹林资源发展竹制品加工业。

（十二）龙兴村——"安昌河滨，水岸新城"

1. 龙兴村现状

龙兴村位于安昌河沿线，整村为城市代征用地，2300亩耕地，沙壤土，能排能灌，水源好，生产条件优越。主要有大棚蔬菜种植，还有麦冬、生姜等经济作物。有观赏鱼养殖，并零散养殖普通淡水鱼。

2. 研判定位

"安昌河滨，水岸新城。"龙兴村要做好城市菜篮子后花园工作，还可培植中药材。

（十三）罗林村——"融入新县城，撬动现代服务业"

1.罗林村现状

罗林村面积是全镇最小的，0.58平方公里。五、六、七组为城市代征用地。产业为水稻制种。有100多亩苗圃，还有蔬菜种植。

交警队已搬迁至罗林村。村里有多家汽车美容店。

2.研判定位

"融入新县城，撬动现代服务业。"罗林村的发展要利用近郊区位优势打造现代服务业，还要注重发展苗圃产业带。

（联丰村、红武村、六合村、回龙村的定位及策划详见下文产业规划部分。）

三、产业规划

（一）产业规划理念

1.规划理念

在统筹城乡发展的过程中，产业发展是促进地方经济发展、保障就业、实现村民增收的核心要素。因此，花葽镇的发展建设必须坚持"政府引导、措施创新、市场运作、农民参与"的原则。规划理念如下：

以政府主导为指引，以城乡统筹为特色。

以政策创新为前提，以措施可行为基础。

以市场运作为支撑，以规模经营为重点。

以村民参与为宗旨，以村民致富为目的。

2.规划方案的实施构想

（1）示范点创新

争取将项目地作为推动乡村发展政策、方案的试验区，用好、用活实施新农村综合体的相关政策，发扬创新精神，总结探索性经验。另外，在加强招商引资、融资的同时，多渠道争取农业、水利、林业等专项资金的投入，以减轻项目实施前期投资的压力，保证项目按照规划方案顺利实施。

（2）镇村统业

根据场镇的环境条件、产业发展需求、建设用地储备等，联丰村、红武村、六合村、回龙村之间以乡村旅游、生态旅游、农业观光形成"一四互补、空间互换、土地互利"的发展模式。

（3）发展特色产业

花荄镇发展特色产业，须加强一、三产业的融合、联动，以实现发展短板上的互补。特色产业规划和建设要体现人文与生态的结合、特色农业与观光旅游业的结合、服务业与科学技术的结合、特色与时尚的结合。发展特色产业要开发多元化投资经营模式。在坚持创新、发展特色产业的同时，要注重建设精细的产业集群。

（4）拓展农民增收渠道

以多种形式、多个渠道解决失地村民的就业问题，切实建立失地村民持续增收的长效机制，提高村民生活水平。创新社会管理体系，构建和谐的新农村社区。

（二）产业开发模式

1.产业开发思路

以联丰村、红武村、六合村、回龙村为主，兼顾柏杨村。兴隆村、竹园村、太平村、斩龙村、红花村、马安村、西桥村、狮子村、前进村、雍峙村、龙兴村、仙林村、罗林村也可引进投资者，建设规模化园区。还可以政府主导为基础，引进实力企业进行规划项目的大运作。散户可联建成大组合，村民加入集体组织，实现多方合作共建或联建经营模式。

其中，以政府为主导的开发模式是，按照乡村休闲旅游度假区、生态旅游度假区和近郊农业观光园的综合管理办法，由政府主导开发，并进行经营管理，包括项目的规划设计。政府要投入资金建设、改善公共基础设施、农业设施，组织进行新农村综合体建设公共体系项目的建设和管理。同时，政府还要引导农民、扶持农民参与项目的经营服务。

2. 产业开发模式

项目开发模式有两种。一种是引进龙头企业及投资机构进行开发、建设。政府机构利用专项资金解决基础设施及公共项目的资金投入问题，以及做好规划先期的铺垫性工作。愿意搬迁的村民搬进新农村综合体的民居中，实现集中居住，并进行城镇化管理。

另一种为自建或不愿意搬迁的居民可在政府指导下进行民居风貌的改造，要按照新农村民居建设图纸进行规范化建设。

3. 经营管理模式

（1）企业经营

回报期长或投资大的项目可以进行招商实现企业化经营。鼓励农业产业化龙头企业等涉农企业重点从事农产品加工流通和农业社会化服务，带动农户和农民合作社发展规模经营。引导工商资本发展良种种苗繁育、高标准设施农业、规模化养殖等适合企业化经营的现代种养业，开发农村"四荒"资源发展多种经营。

招商可以通过土地流转发挥企业开发功能的优点。土地经流转后，不得改变土地集体所有性质，不得改变土地用途，不得损害农民土地承包权益。流转后的土地，仍然只能用于发展农业，不能用作房地产开发等其他用途。农民依法享有土地流转权益，如租金、股份分红等。

（2）合作经营

支持农业企业与农户、农民合作社建立紧密的利益联结机制，实现合理分工、互利共赢。支持经济发达地区通过农业示范园区引导各类经营主体共同出资、相互持股，发展多种形式的农业混合所有制经济。

（3）家庭经营

要重视和扶持普通农户发展农业生产。重点培育以家庭成员为主要劳动力、以农业为主要收入来源，从事专业化、集约化农业生产的家庭农场，使之成为引领适度规模经营、发展现代农业的有生力量。

（4）探索新的集体经营方式

集体经济组织要积极为承包农户开展多种形式的生产服务，通过统一服务降低生产成本、提高生产效率。根据农民意愿，可以统一连片整理耕地，将土地折股量化、确权到户，经营所得收益按股分配，也可以引导农民以承包地入股组建土地股份合作组织，通过自营或委托经营等方式发展农业规模经营。

（5）加快发展农户间的合作经营

鼓励承包农户通过共同使用农业机械、开展联合营销等方式发展联户经营。鼓励发展多种形式的农民合作组织，深入推进示范社创建活动，促进农民合作社规范发展。在管理民主、运行规范、带动力强的农民合作社和供销合作社基础上，培育发展农村合作金融。引导发展农民专业合作社联合社，支持农民合作社开展农社对接。允许农民以承包经营权入股发展农业产业化经营。探索建立农户入股土地生产性能评价制度，按照耕地数量质量、参照当地土地经营权流转价格计价折股。

（三）联丰村——"蜀中官斗映湖山，猕猴桃香逸满园"

1.定位依据

（1）自然资源

官斗山位于联丰村境内，有着独特的历史文化底蕴，同时森林密布，湖泊秀丽，自然风光宜人，是一座巨大的天然氧吧。这些为官斗山旅游产业的发展奠定了坚实的基础。官斗山旅游产业也将是本项目优先重点发展的产业之一。

（2）环境条件

官斗山茂密的植被、葱郁的灌木，使得联丰村片区成为绵阳近郊优质休闲、养生的地方，为打造生态旅游度假区提供了良好的先天条件。

（3）区位优势

联丰村远离城市的喧嚣，能让休闲度假的人享受宁静、舒适的环境。

（4）产业优势

联丰村有千亩猕猴桃产业基地，其间分布有樱桃谷鸭养殖基地、脆桃种植园。官斗山优质的生态资源使联丰村发展生态旅游业有着先天优势。

（5）传说——官斗山的由来

从花荄城区益昌路东行到安昌河堤向东望去，对岸有一座山顶树木葱翠、山坡灌木丛生、挺拔伟岸的山头，那就是官斗山。

相传，很早以前，这里发生过一次战斗。在这次战斗中，颇超氏国舅率众将领浴血奋战，身负重伤，城池告危。一个诡计多端的副将见大势已去，半路开小差溜回城内，欲窃财宝逃跑。颇超氏国舅不见这名副将，意识到此人极有逃亡的可能，在众人的帮助下迅速赶回城内。副将正要携财宝转身准备逃离时，与颇超氏国舅碰了个正着。国舅见状怒发冲冠，拔剑便刺。副将此时已红了眼，二人便互打起来。国舅终因伤势过重，被副将杀死。副将一不做、二不休，继续抢收金银财宝，准备逃走。颇超氏夫人在里屋听见外面人声嘈杂，遂从内堂疾奔而出，见丈夫倒在血泊之中，上前查看发现丈夫已经气绝。又见副将将已收拾好的两大箱珠宝正在向外搬运，情急之下顺手抓起案桌上的官印愤怒地向副将砸去。说来也巧，这枚官印没有砸中副将，却砸在了装财宝的木箱上。顿时，一道金光四射，副将呜呼命绝，官印随即化作一座山，将财宝压在下面。

因这枚官印恰似一方斗，当地居民称此山为"官斗山"。有人说，官斗山下面有三斗二升金子，后来益昌县也选址于此。

官斗山的传说为联丰村的旅游度假品牌注入了鲜活的元素。

2.总体定位

联丰村发展的总体定位是"官斗山生态避暑旅游度假区"。生态避暑旅游度假区目标客群市场定位中，主力客群是四川省内的度假人群，次主力客群是国内的度假人群。

3.形象定位

联丰村发展形象定位为"花城果乡，湖山会友"。

"花城果乡"明确表明了花荄镇的形象定位，凸显了统筹城乡产业规划中花果产业的优势地位。

"湖山会友"突出官斗山的古代传说，点出了花城果乡生态旅游度假区的重要项目。

联丰村的形象宣传语为"一山，一湖，一田园"。

4.发展构想

联丰村的发展构想是，要立足差异化竞争，打造更富度假功能、生态感受、投资概念的产品，使项目能够快速启动，并得到安全开发。因此，我们提出"低价、高端、别具一格的山居、湖居品位"的发展理念。

（1）低价

低价可使产品迅速进入市场，谋得项目的快速启动和快速销售。

价格建议：度假区为3500元~4500元/平方米，专家疗养区（创意别墅）为7000元~8000元/平方米。

（2）高端

之所以提出"高端"，是因为要为消费者提供更亲和、更健康、更低密的度假物业形态。对于"高端"的打造，要立足产品的创新，要综合利用项目规模优势与成本优势，实现较强竞争优势。

（3）别具一格的山居、湖居品位

"别具一格的山居、湖居品位"是集度假、休闲、保健、商务、运动于一体的山居度假、生活方式。

5.规划理念

以官斗山为载体，以度假产业和多元物业为双轮，联动实现"花荄生态旅游避暑胜地"的目标。双轮联动可以实现虹吸效应、聚合效应。

（1）重点度假产业实现虹吸效应

以山地运动、湖居康复保健打开旅游市场、度假市场；以多个度假功能板块制造市场虹吸效应。

（2）多元物业实现聚合效应

以高端度假酒店、独立会客厅提升项目地的商业氛围；以山乡创意别墅、度假区集聚市场眼光。

6.功能板块划分

（1）功能板块划分思路

1）突出康益性。保健康疗依然是度假区的功能之一。因此山地运动、养生保健中心应作为重要项目来建，相关康益项目要与之相结合，进行合理搭配。

2）强调体验性。在功能配置上，度假区除了满足游客的健康消费外，还必须满足游客的风情体验、亲情交流、社会交往、商务会务、消磨闲暇、自我修炼等多种需求，形成对客群的有效滞留。注重游客体验性的项目可围绕酒店、农业观光区和专家疗养区开发。

3）体现舒适性。度假区在布局上要根据各功能的档次、场地要求及对外部景观的依赖性做出综合考虑；还要结合人流动线，在选址上考虑游客的整体舒适度。

（2）"花城果乡，湖山会友"的规划项目

"花城果乡，湖山会友"规划项目有乡村旅游接待中心、官斗山地运动带、山地登山步道、拓展运动板块、专家疗养社区（创意别墅区）、湖居休闲板块、山地运动板块、花城猕猴桃园、樱桃谷鸭养殖区、花城长寿果园（柏杨村一、二队）、阳光度假区（度假洋房区）、商务休闲板块、生态体验板块。

7.官斗山文化长廊意境及展现

建设官斗山历史文化长廊，打造独特山居风情。长廊中以花木、奇石、喷泉和冷雾营造如仙之境。

长廊建设要点：以官斗山传说为根本，建官斗庙、官斗湖、官斗亭，沿途打造乡村旅游接待中心、休闲娱乐、文化长廊、观光品味四个项目。

按照花荄镇人民政府要求，柏杨村一、二组纳入重点村规划。因临近联丰村，所以度假区纳入联丰村规划范围。柏杨村一、二组现有桃、梨种植产业。

1）乡村旅游接待中心。在游客接待中心，建一幢四层公共建筑，占地2000平方米，提供餐饮、娱乐服务。

2）休闲娱乐。在官斗山入口处修建茶舍、咖啡厅、精品农家乐、专家疗养区等，供游客徒步休闲。

3）官斗山文化长廊。在官斗山主入口处放置介绍牌、指示牌，指引游客。根据地形走势在山道适当的地方修建官斗亭，并在亭内设立文化展示牌，向游客介绍官斗山的来历。沿途设立历史人物雕像。

开发官斗山旅游周边商品，如形象纪念品、地方特色小吃、地方种植特产等。

4）观光品味。倾力打造花城猕猴桃园，形成农业旅游观光带，并与官斗山相连，让游客玩在途中，乐在途中，享在途中。

（四）红武村——"花城果乡，月满荷塘"

1.定位依据

1）气候。红武村亚热带气候，土壤肥沃，光照水土等自然条件好，很适宜优质果树生长。

2）产业现状。红武村里有大松树水库和多处荷塘。村里有水果种苗基地，有桃子、梨子、核桃、柚子共约1500亩果树产业，另有森泰呱呱蛋养殖产业。根据规划，近期修建70亩农副产品交易中心。

红武村地势相对开阔，现有的水果产业初具规模，加上联丰村、六合村及其他水果种植，水果产业将形成集群优势。

3）区位。红武村主要通过辽安大道外连科创园、绵阳市区，内连镇内各村，紧邻官斗山，是绵阳市距离城区最近的旅游景区之一，区位优势明显。

2.规划思路

1）聚合效应。以特色农业产业化经营为方向，土地流转后实现集约化经营，资金跟项目走，实现各项目发展的聚合效应。

2）稳中求变。优化现有农业产业结构，稳中求变，在科技农业、服务农业、农业产业化经营上实现新的突破和创新。

3）产业革新。升级传统产业，打造一个民俗与时尚相结合、城市与农村相融合的旅游小镇。

4）以"四品"成就品牌。红武村现有的农家乐难以形成规模，无法形成成熟的品牌。针对这种现状，我们将通过"四品"打造出农家乐品牌。"四品"即品味、品质、品色、品香。

品味：推出当地特色饮食，体现地域特色。

品质：饮食要体现生态、绿色、休闲。为了"吃出营养，吃出健康"，从原材料的生产开始把关，保证产品的安全、健康。

品色：严格监控农产品生长的全程，保证蔬菜无公害、无农药，绿色有机。

品香：引入DIY农场理念，由客户租用土地自主进行农产品生产，体验"谁知盘中餐，粒粒皆辛苦"，感受劳动的艰辛与节约的光荣。

3."花城果乡，月满荷塘"规划思路

1）"花城果乡"果园观光基地。果园观光基地有花城桃园、花城梨园、花城核桃林、花城香栾园，其中有果园种植和传统种植业。果园观光基地以水果产业为特色。柏杨村一、二组为桃园、梨园种植基地。

以水果产业为基础，举办赏花观果、果实采摘、果树认养等活动。例如：举办各类以水果为主题的节日，联合农家乐拓展互动、认养、摄影交流比赛等活动，使游客在"种农家地，干农家活"中感受丰收的喜悦。

2）汉唐风情小镇。以汉唐风情小镇为旅游特色，宣扬花荄镇历史文化。文化长廊里有节庆表演、美食、酒吧、特产销售等。

农家乐：重点打造几家汉唐特色农庄，改良菜品、提高服务水平，使游客们在体验完水果采摘、休闲娱乐之后，尽享美食。

生态商务休闲区：有商务、会议接待功能。还建有商务会所、SPA康体休闲、乡村酒店等。

3）休闲度假区。充分利用红武村的生态资源，主打夏季度假和养老项目，兼顾分时避暑养生项目的开发。休闲度假区的建筑和服务须兼顾夏季避暑和老人养生的要求。

休闲度假区包括分时避暑度假村、阳光养老养生区。

4）观光绿道。依托现有村级道路开展自行车骑游、观光电车等户外运动项目，沿途设置道路指示牌。

5）大松树庄园（原大松树水库）。依托红武村大松树湖，打造乡村嘉年华。有垂钓、水上运动、亲子乐园等项目，为家庭游客和团体游客提供配套活动和主题活动场所。

6）"花城水乡里，荷塘花月夜"乡村度假。选取优质荷塘，连片堰塘种植荷花、养殖精品淡水鱼，开发农家乐，让游客体验花城水乡田园生活。

联合绵阳市书画名人，打造画家村。画家村里良好的环境氛围、优质的写生环境可以提高项目区域的知名度，还可以带动周边项目的发展。

7）盆景艺术农科示范区。盆景艺术农科示范区的发展目标是川北盆景之乡。

盆景市场良好，盆景经济价值也高。盆景艺术不但可以美化院落，而且可以形成园艺文化，有一定的文化价值、产业价值、经济价值。红武村拥有适宜的气候环境、丰富的品种资源、充沛的劳动力、独特的区位优势、丰富的花卉文化，以及良好的花卉市场发展潜力，为盆景艺术农科示范区的建立打下了良好的基础。示范区以红武村农户家庭院落及规划产业为基础，通过农业科学技术培训形成产业链条，再以点带面推广至全镇。

（五）六合村——"汇聚田园美景，携手如画山水"

1.定位依据

1）区位优势。六合村交通网络良好，同属于绵阳半小时生活圈，临近安县城区。

2）自然资源。六合村紧邻官斗山山脉脚下，空气清新。

3）产业优势。六合村现有五星枇杷园、桃园、核桃园，是发展观光农业的基础。但产业发展滞后制约着六合村的进一步发展。

2.形象定位

六合村的形象定位是"花城果乡，回归田园"，形象宣传语是"果香田园，回归前的奢侈"。

3."花城果乡，回归田园"规划思路

1）"花城果乡"果业种植示范区。规划后的产业区由村集体经济组织（或者成立农业综合开发公司）进行集中管理。

果业种植示范区里有花城五星枇杷园、花城桃园、花城核桃林、花城香栾园（红心柚园、琯溪蜜柚、琯溪红心蜜柚）、花城猕猴桃园。通过与联丰

村"联姻"帮扶，迅速形成产业规模。

2）"花城菜乡"无公害蔬菜种植区。规划后的产业区由村集体经济组织（或者成立农业综合开发公司）进行集中管理。引进无公害大棚种植技术，提高产量与质量，再进行"农超对接"，为销售铺路。可种植韩国红参、高菜、黄秋葵、黑米茄、真仙茄等菜品。

3）黑花生种植示范基地。黑花生采取无公害种植技术，产品的销售渠道要对接无公害健康食品卖场，如超市专柜，或有机菜网店。

4）"花城水乡里，荷塘花月夜"乡村度假。开发连片堰塘种植荷花，建设农家乐，让游客体验花城水乡田园生活。

5）鲜味庄园。在园内撒播健康环保的野菜种子，待其长大可食后，给游客配备篮子和铲子，让游客体验"挖野菜"的乐趣。在鲜味山庄里，提供鲜美的食材给游客加工，也可让游客加工自己采得的食材，获得另样"野炊"乐趣。

为满足游客登山的需求，可建官斗山山脉六合段登山栈道。还可举办林地野战、素质拓展、山地自行车等活动。

（六）回龙村——"北美风情，蓝色创意发展"

1. 定位依据

1）区位优势。回龙村紧邻安县县城区边缘，属于城市近郊区；临近辽宁大道和辽安大道，交通十分便捷。

2）产业资源优势。回龙村已有蓝莓产业、獭兔牧草产业。在水资源方面，有草溪河、双石桥水库，为北美风情观光、生态牧草业的发展提供了支点。

2. 总体定位

回龙村的总体定位是"田园牧歌，体味蓝莓浓香韵"。回龙村的蓝莓产业园和獭兔牧草养殖种植区可以打造成有北美风情的田园风光。

3. 形象定位

回龙村的形象定位是"来自北美洲的蓝色风情"。形象宣传语是"情定蓝色天空""蓝莓田园，来自回龙"。

4. "花城果乡，蓝莓天空"规划思路

1）乡村旅游接待中心。以"回龙湖"（原双石桥水库）为中心，建成游客接待中心。游客接待中心主要包括广场、接待处、展销中心、餐饮、文化墙和解说长廊。广场中心有蓝莓雕塑。在广场四周设置指示牌和导向牌。在村口建成一个小型停车场，并制作进入蓝色牧场的入口标识挂于适当位置。

回龙村外接辽安路，内连村级道路，以安保路的修建为契机，围绕游客接待中心，带动农民搞起农家味餐饮、农家乐和小卖店等。村民在自己增收的同时，也为游客的衣食住行提供便利。

2）花城蓝莓园。花城蓝莓园里有蓝莓品鉴中心、蓝莓博览园、蓝莓观光和采摘区、婚纱摄影基地等。

花城蓝莓园发展思路：以增加农民收入和增强蓝莓产业市场竞争力为出发点，以机制创新和科技创新为动力，稳定蓝莓园面积，提高蓝莓种植质量，调整产品结构，大力推行无公害标准化生产。在蓝莓产品的开发和生产上，着力培育和壮大龙头企业，打造品牌，努力加快蓝莓产业化经营进程。

花城蓝莓园发展目标是成为"川北蓝莓之乡"。

要以市场为导向，以效益为中心，以优势资源为依托，积极发展蓝莓产业，提高蓝莓产品的知名度。同时，进行蓝莓产品的深加工研究和开发，稳定蓝莓加工业，不断提高蓝莓产品附加值。

坚持订单农业，继续深化"公司+农户"的专业合作社、标准化的产业化经营模式，保护蓝莓产品的收购价格。同时，蓝莓生产企业要进行第二次返利，常年收购蓝莓，解决蓝莓农户的后顾之忧。

园区内修建蓝莓文化广场、蓝莓品鉴中心、蓝莓博览园，定期举办蓝莓文化节庆，扩大回龙村蓝莓知名度，带动蓝莓产业发展，帮助农民增收。

3）牧草种植基地。牧草种植基地可进一步开发牧草观光区和牧草山庄。

4）回龙湖庄园（原双石桥水库）。在回龙湖庄园里有高端淡水鱼生态养殖区、水上游乐区。

高端淡水鱼生态养殖区：回龙湖的容量大约为27万立方米，渔业资源丰富，发展潜力大。目前要稳定水库生态养殖面积，扩大水库养殖规模，提高水

面利用率；要采取强有力措施取缔施肥养鱼，有效解决水质富营养化问题。规划将在现有渔种基础上，增加大口鲇、加州鲈、斑点叉尾鮰等特色渔种的养殖。

水上游乐区： 水面上的游船让人体验轻舟荡漾的乐趣。水库周边的观光长廊和钓鱼台让游客尽情体验"钓胜于鱼"的乐趣。

四、基础设施规划

（一）基础设施规划

1.道路交通规划

（1）路网格局

结合地形，各村在现有道路的基础上规划出"人字形+环形枝状"路网，并设置有提示、警示标志及器材。

（2）道路工程

1）通村道路。通村道路是连接城区其他村庄的主要道路。各村继续改造现状村道，进村入口至公共建筑群路段，规划红线宽7米，其余路段红线宽4.5米。

2）村落内主要道路。村落内主要道路是各片区组团内部的干道，红线宽度单车道3.5米，或4.5米，局部路段设置错车场地。

3）步行道路。步行道路包括各组团内部巷道、入户道路及住宅组团外部的步游道，巷道宽2米，入户路和步游道宽度1~2米，石板铺砌。

4）道路断面。道路断面均为一块板，道路两侧设置排水边沟，有建筑的路段一侧种植行树。

5）停车场。结合公共建筑，在四个重点村重要节点设置公共停车场地，方便村民和游客使用。

6）招呼站。在靠近国道的主入口处增设招呼站一个。

7）技术经济指标。公路最大纵坡8%，最小纵坡0.3%，最小平曲线半径20米。

2.景观规划

1）节点景观设计。整治现有的田坎、堤岸，将亭、台、园路与汀步等景观元素与荷塘相结合，四周以果林环绕，点植碧桃、垂柳，形成"桃红柳绿"景观。

2）河流景观设计。改造场地内现有河流景观廊道，利用微地形、小品、铺地、构筑、树阵等多种景观元素构成富于变幻的小型开敞空间，串接整个河流廊道景观。此外，丰富多样的植物群落也为河流生态系统提供有力的支撑。

3）山林景观设计。两侧山体间隔种植观赏林，增强山体的绿化景观效果。开辟采摘体验园，配套相关休憩、服务设施（木栈道、休憩凉亭、座椅、园灯），与另三大景观串接，呈现出"绿树村边合，青山郭外斜"的诗境。

3.竖向工程规划

（1）规划原则

1）解决花荄镇新农村综合体用地中建筑、道路交通、地面排水、工程量管线敷设等局部与整体的协调与配合，达到工程合理、造价经济、空间丰富、景观优美的效果。

2）街坊竖向工程规划应对用地的控制工程进行综合考虑，尤其是结合本地山坡谷地的现状，统筹安排，使各项用地在平面与空间避免相互冲突。

3）充分利用现有地形地质条件，遵循安全、适用、经济、美观的方针，注意相互协调，从实际出发，因地制宜，合理改造地形。在设计工程及建筑时，尽可能在满足各项建设用地使用的要求下，减少土（石）方及防护工程量，重视保护生态环境，增强景观效果。

（2）规划方法

街区竖向工程规划采用"结合地形布置建筑，以及建筑分条、台"的方法，不改变自然地形坡向，避免深挖高填，这样有利于节约投资，加快建设进程。

4.管线工程规划

（1）给水工程规划

用水指标及用水量预测

联丰村2010年全村总人口为1773人，预计2010—2015年人口增长率控制在3‰左右；2016—2020年人口自然增长率控制在2‰以内，人口机械增长按80人/年计算。因此，2015年人口预测为2178人，2020年人口预测为2583人。通过计算，规划区内最高日用水量为391.6立方米，时变化系数取1.5，给水管网设计秒流量取3.0升/秒。考虑到消防，管网按10升/秒设计。

水源

规划区用水以地表水为水源，部分区域连接市水管，从高位水池引水进各户蓄水池。为了保证用水水质以及水量，规划要求必须经过相关专业（管理）部门进行水质化验及水量测算（包括地质勘探），以便核实本次规划水源地选择是否合理。最终的水源地选择应该由相关专业（管理）部门做出"村水源地论证报告"才予以确定。

远期，如基础设施条件成熟，可依托沿道路两侧敷设的城市给水干管完善村里的供水系统。

管网布置

给水管网采用"主干管配枝状环网"的布网方式，沿规划道路及步行梯道敷设给水管道。为满足室外消防要求，室外配水管管径不小于DN100。

（2）排水工程规划

排水体制

根据当地环保部门的要求，规划区内排水体制采用雨、污分流制，即污水收集后集中处理，雨水就近排入自然水体。

水沟纵坡应不小于3‰。排水沟断面建议户外排水明沟20厘米×30厘米，暗沟30厘米×30厘米；分支明沟40厘米×50厘米，暗沟50厘米×50厘米；主沟明、暗沟均在50厘米以上。这些设计均为保证维修方便、堵塞物易清理。同时，每隔30米，在沟渠主支汇合处设置一口径大于50厘米×40厘米、深于沟底30厘米以上的沉淀井或检查井。

雨水工程

雨水排泄不专门设管，以就近、尽快排放为本。充分利用规划区内地形情况，将现状自然排水沟渠规划整治后，作为规划区内排泄雨水和山洪的通道。

由于四川省现有几个地区暴雨强度公式多在川西川南川北，本规划采用以下暴雨强度公式：

$$q=\frac{2822（1+0.775\lg P）}{（t+12.8P^{0.076}）^{0.77}}$$

暴雨重现期采用1~5年，个别重要地区可采用10年，地面集水时间为5分钟，综合径流系数根据规划范围内不同用地分别确定（建议采用较高标准。当地面坡度小于5‰时，延缓系数取2；大于5‰时，延缓系数不采用，综合径流系数取0.65，绿地取0.15）。

污水工程

污水量预测：生活污水量按平均日用水量的85%计算，未预见污水量按总污水量的10%计，地下水渗入按上述污水量的5%计，本项目规划区产生的污水量约为500立方米/天。

污水处理：污水处理率达90%，其总污水处理规模为450立方米/天。污水采用集中处理方式，污水由污水管收集送至沟田附建的化粪池里。

污水管网布置：沿规划道路铺设污水管道。在车行道下的最小覆土厚度宜大于0.7米，最大覆土厚度不宜大于7~8米，在街道上的最小管径不小于D300。管网材料可以根据地方实际采用混凝土管或塑料管，依地势铺设，坡度应不小于3‰。

（3）电力工程规划

根据现状，结合经济发展情况，将农业排灌、农业生产、农副产品加工、市政生活用电等电力系统负荷纳入用电规划。

供电电源为花荄镇10千伏输电线，规划区属二、三级负荷标准，考虑到现实情况，建议多采用三级标准。区内设箱式变电站一座，变电站低压回路均为放射与树枝状结合的形式供电。

10千伏电力线采用架空杆线布设，规划建议380伏/220伏低压线路全部采用电缆埋地并沿道路敷设，近期可以采用架空线路结构。并且，采用架空线路时，根据地形特点和网络规划，沿道河、绿化布局，路径力求短捷、顺直，减少同道路、河流的交叉。

（4）电信工程规划

规划原则。电信工程规划根据上一级规划所制定的原则要求，按适当超前的发展速度，加快建设高速、宽带数字通信网。推行"户线"工程，搞好城市综合布线系统，为本区经济、文化的发展提供高效能、多层次的现代化通信服务。

市话用户预测。固定电话安装普及率按40门/百人考虑。考虑移动通信的发展，最终需要电信部门按1280对电话电缆规划来敷设。

电信局及网络系统规划。依托绵阳市电信局和镇上电信网络向规划区配线。

（5）能源规划

逐步改变燃料结构，采用液化罐装气为规划区主要燃料，并辅以使用电力作为必要的燃料能源补充。待今后燃气管道铺设完成后，有条件的可以依托市域天然气系统供气。

（6）路灯照明规划

1）路灯选型。路灯为市政通用造型。

2）路灯设置。路灯每隔15~20米设置一个。

3）路灯电缆选型及敷设方式。路灯电缆采用VV22全塑电缆，敷设方式采用直埋敷设。

（7）CATV系统（广电有线电视网络）规划

1）光纤电视电缆由本市有线电视网引来。主干光纤电缆穿管与通信电缆同沟敷设，主干光纤电缆采用SYWV-75-9电缆。

2）设总的有线电视接收放大器箱一个（具体位置与有线电视部门商定），每幢设有线电视器件箱一个，保证用户端输出电平值为64±4dB。

（8）管线综合规划

1）基本原则。管线工程规划包括给水、污水、电力、电信等管线。在规划中，应着重考虑今后各单项管线工程设计、施工、管理的方便，同时兼顾其安全性，并注意节约用地。

2）平面综合。为避免给水与污水相互污染，强弱电相互干扰，原则上布置在道路下的各种管线从道路红线向道路中心线方向平行布置，一般应遵循的次序是：道路西、北侧为电力、给水；道路东、南侧为污水、电信。

3）竖向综合。车行道下，管线的最小覆土厚度为0.7米。各种工程管线交叉时，自地表向下的排列顺序宜为电力管线、电信管线、给水管线、燃气管线、污水排水管线。若出现交叉时，应遵循小管让大管、压力流管让重力流管、可弯曲管让不可弯曲管等原则进行调整。

（二）环境保护和环卫设施规划

1.环境保护规划

依据《中华人民共和国环境保护法》《水污染防治法》以及有关大气、地面水、城镇区域环境噪声等标准来规划环境保护和环卫设施。充分考虑经济承受力和环境效益，以环境现状为基础，量力而行，分期实施。根据国家环境质量标准制定环境质量控制指标以及相应的环保措施。充分考虑各污染源的具体情况，依照用地布局划分村镇环境区和水体保护区。

新建项目的选址、定点都必须符合本规划的要求，严格控制污染项目进入。所有污水均应排入污水管，经科学处理后排放。生活污水处理率达90%。

大气污染的防治，是将清洁燃料和清洁燃烧技术相结合，以节能和改善能源结构为重点。

固体废物的处理以妥善处理有毒有害废渣为重点。推行垃圾无害化处理。按照无害化、减量化、资源化的原则，对生活垃圾采取分类收集、集中处理的方式。规划期末生活垃圾无害化达95%。完善公厕、垃圾收集点等环卫设施。将生产、生活垃圾集中运往垃圾场作无害化处理。

噪声环境治理按照国家标准执行。局部地段因特殊情况无法达到国家标准的，可采用必要的管制措施。

2.环卫设施规划

环卫设施规划原则是，统一规划、合理布局、因地制宜，配套建设、依靠群众、化害为利、造福村民。

生活垃圾的处理。生活垃圾由垃圾集中点转运到垃圾站，后运往花莛镇垃圾中转站处理。生活垃圾的收集采用"每户分类收集—村集中—镇中转—市域处理"的方式。

垃圾收集点的设置。垃圾收集点位置应固定，既要方便居民又不影响卫生和景观环境，还要便于分类投放和分类清运。生活垃圾收集点的服务半径不宜超过70米。生活垃圾收集点可放置垃圾容器或建造垃圾容器间；垃圾量大的地方可以设置垃圾收集点。

公厕。在各村分别建一座独立公厕。

废物箱。沿主要道路按25~50米间距布设果皮箱。

（三）防灾规划

1.防震规划

根据《中国地震动参数区划图》（GB 18306—2001）、《建筑抗震设计规范》（GB 50011—2001，2008年局部修订），规划区抗震设防烈度为6度，新建建筑或构筑物应按国家相关技术规范进行设计和施工。生命线工程提高1度设防，并按各自抗震要求施工，制订应急方案，以确保地震时能正常运行或很快修复。加强对建筑物、构筑物、工业设备的抗震鉴定及加固工作，严格遵循抗震加固技术管理办法，提高抗震加固质量。

供水、供电、燃气、通信、医疗等城市生命线工程设施，按抗震设防烈度7度设防，以保证生命线系统在地震灾害中最大限度地减少损失。

规划利用新农村内部的公共绿地、广场及外围田野等开阔空间作为避震疏散场地。疏散半径满足300~500米，人均避震面积不小于4平方米。村里主要道路作为疏散通道。

对易发生次生灾害的单位，一方面进行合理的规划布局，一方面逐步进行抗震加固。加强地震火灾源，特别是油库、天然气储气站等的消防、抗震措施。

2. 防洪规划

根据《防洪标准》及《村镇规划标准》，按照20年一遇洪水水位标高设防。

加固维护排洪沟渠，应避免出现垮塌现象。重点防范来自周边山体的山洪，加强截洪沟的建设；保留现有的冲沟作为泄洪通道，保证泄洪通道的常年通畅；完善雨、污分流排水系统；加强防护林建设，防止水土流失，涵养水源，减少地表径流。

构建高效的防洪抢险指挥体系。组建由政府领导、专家组成的防汛抢险指挥中心，分区域、分部门负责；编制完善防洪排涝预案和应急抢险方案。根据不同情况的灾情，启动不同的应对措施；建立科学、先进、完善的雨情、水情预报和警报系统，加快信息系统的建设；积极开展洪灾保险。防洪要做到防患于未然，也要有依靠全社会力量挽救灾情的准备。

3. 消防规划

消防采用低压制，同生活给水共用一套管网系统，按同一时间内火灾次数为1次、1次灭火用水量为10升/秒、2小时消防延时的最不利情况来校核规划区给水系统。室外消火栓沿规划区主次道路布置，间距一般不大于120米，并在道路交岔口保证有一处消火栓。

4. 地质灾害防治

应清除危岩，修筑挡墙，治理欠稳定岸坡，以保证河道泄洪安全。应在108国道两侧潜在不稳定斜坡处修建挡墙支护，治理后缘侧缘排水沟渠。针对有灾害隐患的区域，采取培育生态林地、做好工程防护等防治措施。新村建设用地应避开这些区域，确保人民的生命财产安全。

5. 规划实施措施及建议

1）维护规划的严肃性。规划一经批准，就具备一定效力，不得擅自修改；确需修改，必须报原审批机关批准。

2）规划批准后，应尽快制定与其相应的规划实施管理细则，并加强规划的宣传和教育活动，如广泛利用广播电视等多种媒体扩大宣传，让村民理解、支持规划建设。

3）加强规划管理专业队伍建设，培养一批懂业务、重事业、思想素质高的规划管理专业人员，确保规划的贯彻实施。

4）坚持先地下、后地上，基础设施先行的建设序列。建设时，应由建设管理部门牵头，综合协调各个基础设施部门，同时施工或预埋，避免重复开挖。

5）本规划涉及的各工程项目建设先期必须按国家相关技术规范进行专项的地质详勘和建设安全评估，以此评估为依据，并按规范进行设计和施工。

6）在实施规划前，必须明确是否有重大市政线路穿越该区域。如果存在穿越线路，新建项目必须按照相关的国家规范要求采取避让和防护措施，以确保项目的安全建成。

统筹城乡 产村相融

——绵阳市游仙区
柏林镇新农村示范片区发展规划

（规划编制时间：2014年）

第一节　项目概况

一、项目地自然地理状况

柏林镇位于游仙区东北部，距绵阳城区42公里。东临朝真乡、徐家镇和梓潼县的卧龙乡，南接魏城镇，西靠太平乡，北与朝真乡接壤，面积42平方公里。

全镇辖10个村民委员会，1个农村社区，1个居民委员会，73个村民小组，4个居民小组。有耕地17287亩（其中水田10490亩，占耕地的60.68%；旱地6797亩，占耕地的39.32%）。

总人口14284人，共4550户，其中非农业人口1252人，共409户，占总人口的8.76%。

二、规划范围

规划区涉及4个行政村，规划年限为2014至2015年（展望至2020年，实现与全国全面建成小康社会目标的对接），区域主体范围为明水村、洛水村、金坛村、柏桃村，辐射金马村。

三、文化旅游资源状况

柏林镇之名源自本地的柏林河（鹤）。在公元200余年间，古人在柏林镇南2公里处修建仁和街时，挖出一对金灿灿的白鹤。白鹤展翅腾飞消失在北边一片参天的柏树林中，故名"柏林鹤"。新中国成立后，"鹤"被"河"

代替，因此，"柏林鹤"易名为"柏林河"。

对于此地的人文资源，有诗云：金宝慈云引凤凰，迎水朝真出才郎。孟津洛水生秀色，崇林锁水射文光。

"金宝慈云引凤凰"。"金宝"是指柏林金马村的金宝庵，在范家坝的圆包上。"慈云"指金马村的原慧慈院。"凤凰"指朝真乡金竹村的凤凰庵。这三所寺院都是佛家女尼的修行之地。

"迎水朝真出才郎"。"迎水"即指迎水庵，在现在柏林镇柏林村与洛水村交界处。此处出过两位秀才，更出过一个叫王允宫的人。王允宫做过军阀田颂尧的田赋管理处处长，相当于现在的地级市的财政局局长。此人在地方上无民愤，新中国成立后病死。他的儿子王德清在凤凰乡做教师，早已退休。"朝真"是指现在的朝真乡的朝真村。此村出过举人张耀先（本名张绍良），清末做过县学教谕。他的长子张介眉（本名张怀恭）曾做过龙绵简易师范的教务长，后任北大街小学校长。还出过秀才张龙光，他的长子张孝移前后曾在柏林、黎雅、卧龙等地做过15年乡中心小学校长，张家前后有7人是以办学教书出名的。

"孟津洛水生秀色"。"孟津"指孟津（寺）村。此村山势雄伟，更有旱山庙主峰海拔高742米，属游仙境内第一高峰。"洛水"指洛水寺，洛水寺大堰在三八水库。未修以前是柏林乡（包括朝真乡在内）第一大蓄水工程。故此句有山清、水秀、地贵、人贤之意。

"崇林锁水射文光"。"崇林"是指朝真乡的崇林村。"锁水"是指朝真乡的锁水寺（村）。此两处也是出读书人（教书先生）的地方。

（一）现有旅游景点

1. 圣堂

圣堂又名天主堂，位于洛水村王家湾，由法国人建于1903年。相传法国传教士在游仙区柏林镇洛水村主持修建了川西北最大的柏林天主教堂。教堂采用哥特式建筑风格与中国传统木质建筑风格相结合，典雅、别致。天主堂由经堂、厦楼、教会男子学校、教会女子学校（毁于"文革"）、养马圈（毁于"文革")、骨灰塔六部分构成，外有果园，内有花园。每年到8月，百年金桂花、银桂花竞相盛开，香飘数里，招来游人有千百。每逢节日，游人接踵摩肩。现教堂仍有大神父，名叫王良佐。

2.洛水寺

《碧玉簪》又名《白玉簪》，讲述的是一个爱情故事。明朝吏部尚书李廷甫将女儿秀英许配给翰林王裕的儿子玉林。秀英的表兄顾文友因向秀英求婚不成，便买通孙媒婆向秀英借得玉簪一支，连同伪造的情书，在秀英成婚之日，暗置于新房之中。不料玉林看到玉簪和情书果然中计，怀疑秀英对他不贞，于是对秀英倍加冷落和凌辱。李廷甫听到女儿被玉林虐待，真是又心疼又悔恨，速赶往王府责问玉林。玉林看到来势汹汹的岳父方拿出情书、玉簪，并说明原委。经过一番对证与说明，真相大白，秀英也才洗清冤屈。然而，此时的秀英已被折磨成疾。玉林自是悔恨不已，他怀着对妻子歉疚的心情上京赴考并夺魁，遂请来凤冠霞帔向秀英认错赔礼。《碧玉簪》故事的原型就发生在洛水寺。据说洛水寺门前的牌坊原为李翰林的府第。

3.旱山庙

旱山庙与太平遗迹接近。旱山与九座山脉相连。旱山庙似一颗明珠，形如九龙戏珠，旱山又称九龙山。旱山庙是绵阳的最高点。山上庙宇辉煌，果树成林，修复的八角井、滴水岩、帅公古墓和兴建的园林及荣华庙等为此山主要景点。每年农历二月十九、六月十九开山。此时热闹非凡，游人如织。北有朝真观、玉皇观、柏桃寺和石龙院，处处景色宜人，建筑上所雕的花、草、鸟、鱼、虫和人物形象精妙绝伦。

（二）当地的历史传说

1.接连垭

传说唐天宝末年，由于安史之乱，唐玄宗慌忙逃来四川避难。一天中午，一行人来到接连垭的黄连树下休息，唐玄宗脱掉靴子晾脚，闭目养神。忽然他的脚趾被蚂蚁咬了，于是他诅咒了蚂蚁。自打那时起，夏天在黄连树下的周围五丈之内看不见蚂蚁。

2.王母落水

传说王母巡游路过一古寺，在寺庙中享受烟火供奉之时被寺庙前的良田美景所吸引，于是便留恋于此，尽兴游玩。不料她玩得尽兴忘记了赶回天庭的时间，急躁的时候不小心掉进古寺旁边的河水中。顿时，河水清澈见底，鱼虾浅翔。于是此地被命名为"落水"。后来人们觉得"落水"实则为下意，却又不敢违背天意，于是去掉"落"字的草字头，唤作"洛水"。

3.金螃食蚁

传说王母巡游至洛水地界，被田园风光和虔诚的村民所感动，于是停下仙脚在山垭休息。没有想到，王母的体香被周围蚂蚁闻到了，蚂蚁便蜂拥而至，想沾沾仙气，能得长生。王母向来不喜欢虫鼠蝼蚁。但是无奈蚂蚁众多，王母乱了方寸。这时候从洛水河中爬上来一群螃蟹，很快吃掉蚂蚁，解了王母的围。为了表彰螃蟹救驾及时，王母给所到螃蟹以金身。于是此山就又名为金螃垭。

4.九龙抱柱

据传，龙王第九子旱山，出宫游玩，游至现游仙区柏林镇五根松北处，见一山峰奇峻秀丽，周围大小有九支山脉拱卫。于是他流连忘返，在此处建屋宇作为行宫。有了行宫，旱山从此保佑当地百姓年年风调雨顺，四方太平，甚为百姓所敬仰。百姓们为感谢旱山的庇佑之恩，便自动捐款捐粮，不断扩大旱山的行宫，使之逐渐形成规模，后遂将行宫命名为旱山庙。此山原名为九龙山，故后人常称作"九龙旱山""九龙抱柱"。

5.金蟾赏月

传说月宫中有一金蟾，成天与冰冷、寂寞相伴，看人间其乐融融很是心动，于是趁嫦娥不注意偷跑下界，在人间游玩。嫦娥发现金蟾下界又不忍金蟾被天庭惩罚，于是又派青龙、白虎下界寻找金蟾，以防金蟾干出伤天害理的事情。青龙、白虎在柏林找到金蟾后劝金蟾返回月宫，可是金蟾再也不愿回到月宫。青龙、白虎经历了人间的快活，亦动了凡心。他们虽留恋人间不愿回天庭，却又很想念嫦娥。他俩商定要变作大山留在人间。

于是在柏林境内就有了"左青龙、右白虎，中间是金蟾"一起望月思念嫦娥的传说。

6. 白陶寺

白陶寺的原寺建于明代，后被张献忠焚毁，仅存大佛殿。在20世纪50年代初由于香客烧香，香上的火星飘到寺宇四周堆放的玉米秆上，引起火灾，大佛殿也被大火烧毁，仅留下一个石碑被埋在菜园地里。有学者在60年代执教于农中时，与学生一起刨出石碑。此碑高五尺有余，宽三尺八寸，上面刻有"大明嘉靖二十二年孟冬月……"字样。后来据说此碑被分割成几块做了七一水库筒眼的盖板。

7. 鲤鱼桥

鲤鱼桥位于孟津村二组白家大院门前河沟之上，像一条大鲤鱼。相传很多年以前，此处是一条大河，幽深宽阔。河中住着一条鲤鱼精。鲤鱼精性情古怪，每年要河边村民献上童男童女，不然就要发大水淹及村民家园。周边村民饱受其害，怨声载道，于是就祷告上苍，祈求惩罚鲤鱼精。天帝得知后便派神仙下凡汲干了此河，只留下一条可供饮水的小河，鲤鱼精来不及逃走，被点化成石头横在小河上，成了一条任人踩过的石桥。

8. 白家祠堂

柏林以白姓为大姓。白姓人较多是因为很久以前白姓宗族人丁兴旺，田多富有，书香门第。现孟津村五组所在地兴修了白家祠堂一座。祠堂有烧香祭祖的正殿，有休憩玩耍的走廊，还有供族人居住的后殿和娱乐用的戏台，总占地2.5亩。此祠堂毁于20世纪六七十年代。

四、农业产业发展现状

柏林镇通过多年的不断努力，全镇农业生产条件得到极大改善，农业产业化发展势头良好。目前，全镇主要有生态葡萄园产业、珍稀苗木产业、花卉产业等，并已形成以金马村为中心的玫瑰产业，以洛水村为中心的葡萄产业园、珍稀苗木产业，以及以明水村、五德村为中心的生态养殖产业，等等。

五、示范片价值分析

项目总定位的主题为"产村相融"。"以产兴村、产村相融"的新型产村形态是项目规划要达到的最终目标。"产村相融"必须立足于柏林镇资源优势，依托龙头企业，充分发挥本地生产要素作用，带动和促进当地的发展。

项目地属于中郊丘区产业示范带，又拥有得天独厚的生态环境、旅游资源，其虹吸效应可以带动若干产业链的共同发展。项目地还拥有丰富的历史文化遗产，经开发可以有很好的文化经济效益。

项目规划将结合地理状况，合理布局项目区域的自然资源，营造令人赏心悦目的景观，实现综合景观效益的最大化。

项目地还可让游人体验"微田园"生活，如前庭后院、炊烟缭绕、瓜熟稻香、鸡鸣犬叫，既是农家特色，又有农家情趣。

打造休闲项目和观光旅游项目。项目设计要强调各个时段人流的驻留性，在公共节点给予人们自我放松的时空。

我们要建设经济繁荣、设施完善、环境优美、文明和谐的社会主义新农村。

六、存在的问题及建议

柏林镇坚持把发展作为第一要务，各方面发生了较大变化，经济社会发展进入了新阶段，但在"产村相融"方面仍存在一些不足，如产业规模小，交通道路网络不完善，且未形成乡村旅游环线，等等。我们要采取相应的规划策略助力柏林镇的发展。

1）规划产业总体性布局。

2）加大产业基础设施及发展投入。

3）增强集体经济组织活力。

4）大力推动"公司＋集体经济组织"的模式。

5）强化交通路网建设。

第二节　总体定位

一、总体定位

本项目的总体定位是"百年教堂　锦绣田园"。

二、百年教堂

百年教堂呈现了当地独特的人文历史，可以开发成旅游景点，为发展乡村旅游观光产业注入新的元素。

三、锦绣田园

锦绣田园代表着柏林镇积极响应游仙区的战略发展目标，努力建设"田园旅游文化之窗"。柏林镇通过招商引资，现已在全镇范围内形成了以珍稀苗木产业园、葡萄产业园为主，金银花产业园、玫瑰种植园为辅的田园式规模化产业布局；围绕百年教堂，初步建成了田园休闲观光旅游所需要的各种要素。

项目将大力打造以百年教堂为中心、各种优势产业串接的旅游环线，集"吃、喝、玩、娱、游、购"为一体的休闲区域。坚持走绿色、低碳、环保之路，产业布局做到选址一体化、规划一体化、基础设施一体化、生态建设一体化，产业发展以"公司＋基地＋农户"为主要模式，带动当地百姓共同致富，最终实现"镇域富足、百姓安乐"。

游仙区柏林镇作为四川省第二批新农村示范片中的重要组成部分，今天正以构建生产、生活、生态"三融合"为目标，发展壮大农业产业。项目地将依托独特的地域文化和规模化的产业种植，在良好互动中，形成一个以"游百年教堂、赏浪漫玫瑰、品富乐紫珠、采金银仙花、住祥瑞氧吧"为主题的田园观光旅游基地，使柏林镇成为四川省第二批新农村示范片中郊镇的典范。项目地将会成为游仙区的一颗明珠，使柏林镇"百年教堂 锦绣田园"美丽画卷得以绘成。

第三节　项目规划内容

一、幸福、美丽新村建设规划

（一）规划区内村落民居现状

居民点分布相对分散，综合功能不明显，基础设施、道路等占地过大。总的来说，存在重点不突出、布局无序等问题。

（二）新村建设目标

村落民居建设是新农村建设的重点之一，是改善民生的重要体现，是"乡村整洁"的重要环节。项目将依据示范片地形地貌特点、产业布局等条件，采用统一规划设计、财政政策引导，农民自愿、自主选择的方式，并按照省"体现地域特色、体现民族特色、体现文化特色、保护生态环境"的要求，打造"微田园"生活模式，凸显"前庭后院、炊烟缭绕、瓜熟稻香、鸡鸣犬叫"的乡土特色。

1.旧村改造、风貌提升

项目将紧密结合产业发展和方便农民生产、生活的需要，把旧村改造与产业发展有机结合起来，坚持新村带产业，以产业促新村，产村互动共融，统筹推进。

旧村改造要依据现有风格，结合百年教堂的风格与新村建设的要求，邀请美术学院的老师或学生在洛水村等灾后重建的老百姓的房屋的正面及靠近公路的可视面进行艺术创作，全面提升新村的整体风貌。风貌整治工作主要包括林盘保护、建筑外墙粉刷、农村院坝护栏整治、房前屋后树木栽植、传统院落保护，透过"小、组、生"（小规模、组团化、生态化）来体现新农村新面貌。

2. 幸福、美丽新村建设

针对项目规划范围内丘陵地区地形起伏较大的特点，按照地形地貌进行"小集中"的村落规划。规划拟在洛水村百年教堂对面沿公路旁新建洛水村村民新村，新村占地面积约300亩，建设指标通过对柏林镇镇域内建设用地整理和上级划拨获得。

规划结构：规划形成"三心、一轴、三组团"的布局结构。

"三心"：在规划区中组团形成的服务中心，两个居住组团的组团中心。

"一轴"：由小勇路纵向形成的区内的一条综合轴线和对外联系轴线。

"三组团"：指南、北两个居住组团及中部的服务组团。

3. 沼气建设

示范片内的部分村已经开始推广"一建三改"工作——建沼气、改厨、改厕、改圈，且部分农户在相关部门的帮助下已经建设完成，并投入使用。结合示范片实际，把"三改"作为为群众办好事、实事，增加农民收入的具体措施，并充分抓好典型示范户，使之在当地发挥示范带动作用。以点带面，全面做好"三改"在示范片的推进工作。

二、项目产业规划

产业发展是促进地方经济发展、保障劳动就业、实现农民增收的核心要素。规划范围内的产业发展必须坚持"集团化、集约化、生态化"的原则。

（一）规划原则

1.集团化原则——产业组团式发展

产业发展应注重规模化，只有实现规模化，相类似的产业在一定范围才可以互动提升，从而打造出专业化的产业片区。针对这一点，在产业规划的过程中，我们一方面要以村为基础，按各村的不同特点因地制宜；同时，也要依照产业布局的空间特点实现跨村联动，以产业组团去规划项目的发展。

2.集约化原则——推动发展新型设施农业

现代农业是传统农业发展的新阶段，发展现代农业就要改造传统农业，不断发展农村生产力，转变农业增长方式。集约化经营是现代农业发展的必由之路。集约化可将分散的土地集中起来，提高资源利用率，实现规模经营，降低生产经营成本。采用集约经营方式进行生产，可以获得比粗放农业更高的效益。实现农业集约化的基本途径有以下几种。

1）发展专业合作社。围绕当地特色产业、优势产品，组织农民成立土地股份合作社，或参与合作社，进行专业化生产、规模化经营。这样便可以降低单个农户承担的生产成本和市场风险，提高了市场占有份额和竞争力。

2）农业资本多元化。发挥中小企业数量优势，积极引导工商资本进入农业领域，实行公司化运作、企业化管理、产业化经营，加快农业现代化步伐。

3）实现土地流转市场化。搭建土地流转平台，引导土地资源向种养大户和农业产业园区集中，集约投放生产要素，实行规模化、标准化经营，提高土地产出率、资源利用率和劳动生产率。

4）农副产品加工精细化。鼓励发展农业龙头企业，推行"龙头＋基地＋农户"模式，做到既富农又富财政。

3.生态化原则——发展有机绿色循环农业

发展有机绿色循环农业不仅符合我国农业生产的高产、优质发展方向，在保护环境的同时也满足了市场消费的要求。我们将创新生态循环发展模式，大力建设生态农场，推动农业生产废弃物循环高效再利用，实现现代农业绿色发展。

（二）产业现状

1.乡村观光旅游产业现状

规划范围内拥有百年天主教堂，还有珍稀苗木林业、葡萄产业、金银花产业、玫瑰产业等规模化的优势绿色产业，田园休闲旅游所需要的基本要素已具备。但是现有农家乐较少，也没有统一规划，还在发展的初级阶段。

2.珍稀花卉、苗木产业现状

规划范围内现有玫瑰种植园1000余亩。2011年，玫瑰鲜花产量突破24吨，较2010年增长了8倍。2012年鲜花产量又有大幅度增长。玫瑰精油产量大幅度提升，经初步检测精油各项指标均略高于国际标准，现正在开发胶囊产品。另外，还与知名厂家达成了合作协议，正在开发高品质的玫瑰酒系列产品。金银花已种植1000亩，另外繁育种苗18万株，扦插育苗200万株。同时还在筹划建设好金银花加工厂，实现种植加工配套发展。

通过土地整理、低效林改造，种植银杏、香樟、栾树，开发木本油料种植基地及林下养殖等经济林木园区，建成集珍稀林木、养殖及生态观光旅游为一体的产业新区。

3.生态葡萄园种植业

绿色葡萄全镇种植已突破1000亩。早期种植户出产葡萄已经达到2年，有50亩葡萄进入盛果期，产量已达到或超过4000斤，亩产值达到万元，纯收益达到3000~5000元。

4.特色生态养殖业

投资8000万元建设的土鸡养殖项目目前已完成一期工程，首批鸡苗已经进入鸡场。

（三）产业空间布局

游仙区柏林镇"统筹城乡　产村相融"发展规划鸟瞰图

结合产业现状，经过分析梳理，我们提出"一环、一带、两心、四片区"的分区模式。

"一环"：一条旅游环线。本次规划的旅游环线经过柏林、洛水、金坛、柏桃四个村。

"一带"：以柏林河为中心的滨河带。滨河带上接柏林场镇，下达文昌宫村。它在为整个旅游景区提供了勃勃生机的同时将林下养殖与乡村度假旅游分割开来，减少了养殖业对柏林副中心及生态旅游业的负面影响。同时，滨河带为副中心绿地景观提供了很好的屏障保护。

"两心"：在以百年教堂为中心的区域内建设新型社区、集体经济组织办公区，打造百年教堂旅游景点、邓家大院高端农家乐等，形成柏林的副中心，与柏林场镇中心遥相呼应，形成空间互通互补的态势。

"四片区"：生态养殖片区、葡萄产业园片区、珍稀花卉苗木片区、玫瑰产业片区等四个片区的建设可促进城镇范围内的商业发展，同时城镇内商业可服务于各个分区。

（四）产业规划

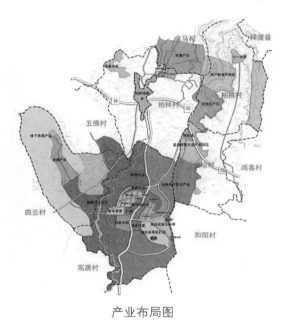

产业布局图

1.乡村体验观光旅游产业

（1）总体构想

柏林镇乡村旅游开发主要是以"体验农业"和"旅游观光"为主要内容。以选定的重点乡村旅游区为载体，近期对重点区域进行重点突破，中远期带动、提升辐射区域。以柏林镇新农村示范片的推动为契机，以深厚的历史文化底蕴和丰富的生态旅游资源为依托，为建设美丽柏林打下良好的基础。

（2）开发构想

塑造品牌、差异竞争

柏林镇在进行乡村旅游开发的过程中要注重自身品牌的打造。同时，绵阳乡村旅游的发展已趋近成熟。在这一背景下，柏林镇必须重塑旅游品牌，走差异化发展道路，唯此才能促进旅游业的持续增长。

因此，柏林镇旅游发展应从打造百年教堂这张牌切入，特别是利用百年教堂打造其差别于以"看山、戏水"为旅游主题的新看点。同时，要利用好另外一张牌，即特色产业发展，树立柏林镇旅游尤其是乡村旅游品牌新形象。

重点突破、以点带面

柏林旅游业发展基本上处于启动阶段，必须先要实现"局部"突破。再以这些"局部"的突破为切入点和抓手，带动从点、片、沿线到整个绵阳地区的旅游的发展。

现阶段，要以百年教堂和特色产业发展为旅游开发工作的重心，集中力量促使精品旅游区的打造，形成柏林镇乡村旅游的拳头产品。同时，各旅游点要形成相互联动之势，实现"重点突破、以点带面"的旅游开发战略构想。

区域联动、产业发展

这里的区域联动包括两个方面：一是柏林镇与外部区域的联动，借助外部因素来促进本区域内的旅游产业，如与富乐山的联动，与仙海湖的联动，等等。二是内部各个区域联动，其中内部各个区域的联动，指的就是"一环、一带、两心、四片区"中"四片区"之间的联动，以及"四片区"与"两心"之间的联动。区域联动要倡导以"市场开放、客源互送、优势互补、合作共赢"为原则的区域合作，形成满足游客"吃、喝、玩、娱、游、购"的特色旅游区。

（3）旅游产品策划

一个重点

柏林旅游发展应重点打造百年教堂周边区域。另外，从书法、音乐等方面营造人文环境，提升整个旅游区的品质。

一条主导旅游线

柏林镇乡村旅游环线涉及柏桃、柏林、洛水、金坛四个村，能很好地将"四个片区"及"两个中心"串联起来。以"博爱文化""园艺文化""赏花采花"为乡村休闲旅游主题。可以通过举办"乡村婚礼""采摘节"等活动带动乡村旅游。联合骑驾游俱乐部或相关社会团体，打造乡村特色观光度假旅游地。

六个重要元素

吃：以明水村和洛水村为主要区域，以邓家大院农家接待中心为主，开发以品乡村特色农家味为主题的农家乐，带动农民增收。

喝：建议中远期在柏林镇建成以葡萄酒、玫瑰酒、金银花凉茶等为主的二级产业。

玩：玩在农事体验，如耕种、推磨盘、寻宝等。

娱：近期，以广场周围的品茶屋、棋牌屋、咖啡屋、KTV等项目为主。中远期，可以拓展采摘葡萄、垂钓等具有浓厚乡村气息的娱乐项目。

游：重点打造百年教堂、洛水寺、珍稀花卉苗木等旅游景点，以多样化的特色旅游实现"愿意来、留得住、感受美"的美好愿景。

购：修建新型社区的同时，在综合体建筑的临街面修建部分集体所有的商铺。商铺主要出售特色产品，如葡萄酒、玫瑰酒、玫瑰花、葡萄、珍稀花卉盆栽，商铺所得利润以年终分红的形式分给村民。

打造成规模的农家乐，主打绿色生态的农家菜肴。围绕旅游环线打造具有川西北特色"乡里人家"的农家乐6家，其中规划建设四星级以上农家乐3家，三星级农家乐3家，依托洛水村聚居点建设农家旅店4个以上（含餐饮、住宿、特色小商品店），旅游商品购物点4个，成立1个体验农业观光旅游合作社。以"四品"成就品牌，打造特色农家乐。农家乐规模、档次要有差别定位。农家乐星级评定、等级划分条件包括经营服务场地、接待服务设施、环境保护、服务质量要求、服务项目等。

发展以赏花采花、农业体验、度假观光为主题的观光旅游产业带。此片示范地可以带动柏林镇以休闲为主题的乡村旅游业的发展。

（4）乡村观光旅游区重点建设项目

邓家大院高端接待中心

邓家大院位于洛水村村委会对面，本次规划将其定位为高端接待中心。可以考虑在现有的基础上进行扩建，达到800平方米。中心主要作为企业接待点和高端接待点。内部建成以吃、娱、游、乐为主导元素的功能分区。还可成立企业家联盟，为柏林镇招商引资储备资源。

百年教堂建设

现有教堂大门由教堂背侧改为直对大路一侧，并由大门引一条道路与主要道路连接，道路经过教堂广场，宽3米，不能过车。

现有教堂的围墙已经残破不堪，应对现有围墙进行修补并粉刷。

教堂围墙内部现有部分树木可在移植后改种油橄榄树（木本油料），不仅对整体形象提升有帮助，还能帮助当地村民增收。

教堂内部一些陈旧的设施可以更换，个别地方也可以重新装饰。

圣书台（观景台）建设

在祥瑞生态林业产业园山顶（现观景平台）修建圣书台，用声、光、电的形式与博爱广场遥相呼应。同时沿产业带修建停车场、亭台楼阁，用于游人登高俯望田园美景。

农耕博物馆建设

在洛水村新型社区内部建设农耕文化展示馆。该博物馆以农耕文化为主轴。展区将沿着我国农耕文明发展的历史脉络，再结合当地农耕文化的特色，通过实物展示、历史叙述、视频播放等方式多维、立体地呈现我国农耕文明的发展。同时，对接当前新村建设，在社区展示新时代我国农村生产发展、生活宽裕、乡风文明、村容整洁、管理民主的新风貌。

展馆元素：从刀耕火种的原始农业形态直到现代设施农业，按照农业文明发展的历史时期分设展馆，具体以农业发展的历史节点布展。

展览中选取极富农村特色的展览品，如犁、锄、蓑衣、斗笠、竹筛等，使游客能感受到浓郁的乡土风情。

展览内容包含展示区域内新农村建设的项目规划、近期发展图景及未来发展前景的影像。

展示内容的编排科学、严谨，又不失丰富、生动，使人印象深刻，感受丰富。

展示大厅里展示总项目规划的沙盘模型和小镇新农村规划图的沙盘模型，直观、形象。

教堂前广场建设

在村委会斜对面、百年教堂与道路之间修建一个广场。

为与教堂建筑相对应，可设计建造传统西式建筑景观，同时配以浮雕景墙、喷泉、花池、路灯等景观小品，以营造浓郁的文化氛围。广场远处有教堂，其与广场上植物、景观相互掩映，相得益彰。

卫生系统建设

生活垃圾收集点：果皮箱设置在村主要干道两侧。果皮箱应该美观大方、卫生耐用，并能防雨阻燃。一般农村道路两旁设置垃圾箱的间距为300米一个，在新村聚居点和新型社区附近应设置垃圾房。

公厕：在广场附近修建2~3个公共厕所供游人使用，每个厕所5个蹲位。

医疗卫生垃圾收集：各个卫生防疫站的医疗垃圾不允许同生活垃圾一样丢弃在垃圾房或者果皮箱内。医疗垃圾必须单独收集、单独运送、单独处理，应该采用集中焚烧的方式处理，杜绝填埋。

旅游环线建设

规划本次旅游环线共涉及5个村，分别是洛水村、柏林村、柏桃村、金坛村、明水村，总长约26公里。分为丘陵道路和坝区道路。坝区道路涉及洛水村和柏林村。现有道路约4米宽，规划期内建议扩建至路面7米，加路肩之后9米宽。丘陵地区道路涉及洛水村、金坛村、柏桃村三个村。现有道路宽度为4.5米，规划期内建议道路每300米处增加一个错车道，并在适当的区域修建观景平台以供游人观景。

旅游环线标识系统建设

标识系统具有交通导向和旅游指示的作用。建设旅游环线标识系统应结合当地自然环境特点、历史文化内涵和乡村旅游的特色，采用传统、质朴、乡趣的形式，力求兼具文化性、艺术性和高品位。应分类别对标识系统进行统一设计，旅游标识系统主要包括四大类型：旅游综合导示牌、旅游景点介绍牌、旅游指示牌、旅游警示关怀牌。

其中，旅游综合介绍牌应设置在景区主要入口处，内容包括整个景区文字介绍、导游图、服务信息等。

欧洲风情街

以洛水村百年教堂为主规划建设一条欧洲风情街，并结合新型社区规划建设2000平方米商业综合区，主要包括具有地方特色的农家产品购物区、特色餐饮区、休闲娱乐区（如茶室、咖啡室）及柏林镇专合组织培训中心。

在欧洲风情街内规划800平方米的柏林镇专合组织培训中心，为发展现代农业提供强有力的科技支撑。培训中心主要以农业专家大院为平台，下设果蔬科技研发推广、粮油科技、畜禽科技、农产品精深加工研发推广等四个子中心。采取"大院+专家、专家+项目、专家+产业、专家+企业"的联结方式，搭建农业科技项目、技术、人才的集聚平台，促进农业专家大院与产业化企业、专合组织、股份制合作社的科研联动、研推并举、互利共赢。同时，此专合组织培训中心也可作为柏林镇科普教育示范基地，向社会传播科技信息、先进管理方法，推广农业新技术、新品种、新成果，还可开设农业技术、品种、管理等示范窗口，以提升科普工作水平和广大群众科学文化素质。

2.生态葡萄园

生态葡萄园，计划2015年底完成种植面积5000亩。将建成1000亩标准化有机葡萄示范基地两处。其中，50亩种苗培育基地一处，年供种苗100万株。

生态葡萄园预计年可供鲜食葡萄1.5万吨，总销售额1.2亿元，带动种植区农户亩产收入1.5万元。

为实现酒庄、采摘园内游客互动，将在葡萄园内划置150亩的农业设施用地，其中部分也可用于企业办公等。

在洛水村坝区建设葡萄产业园区，园区内有葡萄种植区、葡萄文化长廊展示区、葡萄酒品鉴中心、葡萄采摘区、葡萄酒庄等区域。

（1）生态葡萄园品种选择

为保证生态葡萄园的品质，其葡萄品种的选择有外观、风味类型、成熟期、品种适应性、栽培等方面的要求。

1）外观和风味类型丰富。葡萄要有多种色泽，多种果形、穗形，多种风味，还要有核、无核等各种类型合理搭配。

2）成熟期尽量延长。一般鲜食葡萄品种露地栽培自然成熟期从7月中旬到10月上旬。中秋节和国庆节是该时期的重点节日，所以在品种配置时要重点考虑这两个节日前后成熟的品种。

3）品种适应性强，栽培容易。为了满足人们对葡萄的多样化需求，观光采摘园多为多品种混栽园，且为减少操作成本，一般都实行统一的生产规程进行田间管理。

葡萄品种的抗病性要强，结果性能也应良好。葡萄应根据品种特性决定其种植方式，所以园林设计人员与葡萄专业人员要紧密配合，以减少不必要的麻烦。

4）葡萄品种要有独特的品性。葡萄的果实要有特殊的香气，如巨玫瑰；果形奇特，如美人指；无核，如夏黑。由于多为即采即食，或小包装随身携带，果实的耐贮运性能不作为主要选择指标。

（2）生态葡萄园实施策略

1）建设集葡萄种植、生态旅游观光、休闲度假为一体的葡萄生产园区，提高葡萄品质和知名度。

2）在坝区建成种植多品种葡萄的产业园区，以"公司＋基地＋农户"的形式合作。在园区内修建道路，道路宽度为1.5米，主要为农户生产及游客采摘所用。

3）新建一条从教堂到明水村，再横穿兴事发基地，接通林垭口的道路。

4）集中精力在制作加工、包装广告、组织销售、葡萄文化挖掘等多个环节上下功夫，拓展产品销售市场，提高经济效益。

5）拓宽现有的部分沟渠，加大对洛水河的整治。

（3）外围配套设施

园区内修建葡萄文化长廊、葡萄品鉴中心、葡萄果汁吧、葡萄博览园，定期举办葡萄采摘节，传播葡萄文化，扩大生态葡萄园的知名度。长廊中心以葡萄雕塑为景。广场四周布置指示牌和导向牌，兴建一处紫色农庄的入口标识。外接旅游环线，内连村级道路，带动村民发展餐饮、住宿和超市等，同时又为游客的衣食住行提供便利。园区内再划分出采摘区，以供游人采摘葡萄。

（4）葡萄酒庄

近年来，小酒庄葡萄酒的发展方向非常好，符合国际化的发展模式。酒庄对酒的要求比较高，每瓶酒都是从自己葡萄园里种葡萄开始，保证每一款酒都是从自己的葡萄园里产出。小规模酒庄，不同于工厂酒，葡萄酒的酿造和贮藏比较容易控制，能保证特色优良酒质，吸引城区高端客户。当前，绝大部分酒庄没有自己的文化历史，现急需形成酒庄酒的文化支点，结合文化支点最终形成酒庄特色文化，多个特色酒庄最终形成产区特色。

酒庄设计包括葡萄酒酿造、罐装、品鉴、酒窖、葡萄酒文化博览等。做酒庄酒，做好酒，要注重培养管理、技术、酿造、种植、销售，以及与葡萄文化结合的营销等方方面面的人才。此外，还要向消费者宣传、介绍酒庄酒的优良品质。

3.珍稀花卉苗木产业

珍稀花卉苗木产业发展的预期目标如下：

1）以金马村、柏桃村、孟津村、柏林村四个行政村为核心，集中建设大马士革3号精油玫瑰种植园5000亩，格拉斯四季观光玫瑰2000亩。并配套200亩的农用设施用地，用于产业园内设施用房的建设。

2）以祥瑞生态林业公司、兴事发现代农业公司、禾牧佳生态农业有限公司为主培育5000亩银杏、红椿、香樟、桢楠等珍稀苗木。

3）金银花产业到2015年底建成面积达4000亩，带动2000户群众加入合作社。全面建成投产后，年产金银花200吨。同期进行金银花相关系列产品的研发，产值达到6000万元，利税达到4000万元。

规划期内主要打造玫瑰园、珍稀苗木种植园、金银花产业园、中华园艺旅游区。

（1）玫瑰园

在金马村一、二社及柏林村部分区域内打造玫瑰产业观光区，与现代生态农业观光区等旅游资源整合，打造一个新的品牌。将观花、赏花和农业观光有机融合在一起，极大地丰富旅游内容。尤其是"观玫瑰花、品玫瑰茶、喝玫瑰酒、吃玫瑰宴"等具有地方特色的玫瑰风情游有很大的发展前景。

1）分区。入口广场。在园区入口打造一个由红玫瑰花组成的心形大花坛，两边有两个小喷泉进行点缀，寓意美好的爱情，让每对来到玫瑰园的情侣都能感受到玫瑰园带给他们的浪漫气氛。

彩虹玫瑰区：可以种植不同颜色的玫瑰。

商业区：主要为观光游客提供吃、购等方面的服务。

玫瑰种植区：为农户玫瑰种植生产区。

玫瑰认领区：每个来到玫瑰园的客人都可以免费认领一盆玫瑰。各种颜色的玫瑰都有不同的含义，所以每个人都可以挑选一盆自己喜欢的玫瑰花带回家。

2）发展建议。沟渠。将金马村一、二社及柏林村交界地区内现有的沟渠挖深扩宽，尺寸建议为宽1米，深0.5米。

道路。将园区内现有部分田间道路拓宽。建议通往玫瑰种植区的道路拓宽至5米，其余泥路、土路进行硬化。并在田间道路之间增加1米宽的小路，小路采用预制板铺设，宽1米，供游客观光体验和农户生产用。

商业区。包括浪漫餐厅、玫瑰花店、浪漫照相馆以及管理服务区，还有专人为游人讲解玫瑰花广泛的应用价值，如精油加工、药用、食疗价值等。在此区的浪漫餐厅中以玫瑰花为材料制作菜肴，是玫瑰园内的一大特色。

玫瑰认领区。本区可以通过承包的方式租赁给业主。业主可将区内玫瑰分格，每个格子面积不固定，从1平方米至10平方米不等，作为开心农场使用。游客可以租用一个格子种植玫瑰，品种由业主推荐，游客挑选。业主帮助游客培植玫瑰。

彩虹玫瑰区。用不同颜色的玫瑰栽植成弧形的条带状。玫瑰花按颜色渐次地排列。在园区内设置石桌、石凳等。

（2）珍稀苗木种植园

珍稀苗木种植园包括生态休闲园、种苗繁育区、家具原木种植示范园等。

1）生态休闲园。生态休闲园内可设置客房、会议室、中餐馆、茶坊等多种功能服务区。生态休闲园周边种植花卉，提供室内花卉栽培、根雕盆景、插花花雕等，供游客前来赏花、绘画、摄影，同时为游人提供观花、采摘、买花的场所。

生态休闲园可丰富农家乐景观效果，增强农家乐的娱乐参与性。在各栽培小区均设置介绍该花卉品种生态习性和欣赏要领的标识牌。可安排园艺师予以讲解，指导游人学习园艺知识和插花技艺。

生态休闲园以种植花卉苗木为主。可将花乡资源的开发与精品农家乐的旅游紧密结合起来，兼具观赏性、娱乐性、参与性，建成适合观光、旅游、休闲、度假、购物、美食等多维度生态休闲生态园。

特色的川北民居与堰塘互衬成美景，周边果园花圃、林木葱茏、竹树掩映，游客自由地徜徉在花海中，享受着田园风情的休闲乐趣，心灵与身体皆回到大自然的怀抱。

生态休闲园以"花"为媒，以"花"致富，有利于项目地发展成为一个"以花搭台，以花养镇，以花富民"的社会主义新农村典范。

2）种苗繁殖园。种苗繁殖园主要培育珍稀花卉苗木区内的苗木幼苗，并且通过嫁接、杂交等技术手段提升种苗的品种，也通过研究繁殖出更具价值的珍稀苗木品种，为珍稀花卉苗木区的后期提升和发展打下良好的基础。

园内发展建议如下：

现有品种培育区：本区内的花卉苗木种植主要为现有品种。珍稀花卉苗木区的不断扩大必定需要更多的苗木，这为生态休闲园的发展提供了好的资源基础。

现有品种改良区：对现有花卉苗木品种进行改良实验。通过对现有品种的改良，增加苗木的稀有性和珍贵性。

研发区：主要承担新品种的研发。

3）家具原木示范园。本区内所有树木都用来制作家具。家具可以接受客户预订，也可以联系国内知名家具厂直销。所做家具全部为高品质实木家具。

（3）金银花产业园

金银花为四十种家种大宗药材之一，自古被誉为清热解毒的良药，用途广、用量大，开发潜力大。

金银花产业发展策略：以金银花农业产业为基础，挖掘金银花的养生价值、药用价值、低碳价值等，构筑以金银花为主题、符合成都市现代旅游需求的旅游产品体系。同时，通过旅游项目的开发，逐渐完善金银花农业产业链条。示范农业、旅游业、金银花系列产品加工业，三者可以实现网络式和谐共生，互促发展。

根据规划区的实际情况，项目组划分出五大功能区，包括金银花种植示范区、金银花文化创意区、金银花科技交流区、金银花养生休闲区、金银花采摘休闲区。

本项目将以金银花为主题，打造集产业示范、文化创意、科技交流、修养身心、采摘休闲于一体的低碳农业产业园区、农业休闲旅游度假区。

（4）中华园艺村旅游区

柏林镇拥有适宜的气候环境、丰富的品种资源、充沛的劳动力、独特的区位优势、持久的花文化，以及良好的花卉市场发展潜力。

园艺业是农业中种植业的组成部分。园艺生产对于改造人类生存环境有重要意义。园艺业的发展离不开各种盆景的培植。盆景被称为"立体的画"和"无声的诗"。盆景是以植物和山石为基本材料在盆内表现自然景观的艺术品，是源于我国的一种独特艺术表现形式。盆景自古便是文人墨客所钟爱之物，正所谓"盎尺之盆，竟尺之树，可藏天地"，"人法地，地法天，天法道，道法自然"，其中蕴含了中华民族亘古传承的哲学思想与文化品位。盆景按其地域风格不同分为岭南盆景、川派盆景、海派盆景等流派。四川以川派盆景为主，造型悬根露爪、盘根错节、苍古雄奇。适合做成盆景的有金弹子、紫薇、梅花、茶花、杜鹃等。

在中华园艺村旅游区，通过农业科学技术培训形成产业链条，以点带面推广到全镇，打造主题为"下榻生态农家庭院　体验四季有花开"的优质特色乡村旅游观光环线。在旅游观光环线与珍稀花卉苗木产业区再打造"盆景艺术""农科示范片"等项目。

4.特色生态养殖

采用"公司+基地+农户""公司+协会+基地+农户"等模式发展林下特色养殖。以极具食用价值和药用价值的贵妃鸡、野山鸡、本地土鸡、乌骨鸡为主，实现全镇年出栏优质"林下鸡"100万只。采用"龙头企业+养殖小区+适度规模养殖农户"的发展模式，实施产、供、销一体化管理体制，实现产业链的风险共担和利润共享。依托示范片的养殖业资源优势，力争走规模效益之路。通过土地流转和集约化经营，再联合大企业或事业单位，实现"农企""农超"对接，实现产销同步发展。

咫尺生态　探月戏水

——眉山市仁寿县汪洋镇上游村
体验农业乡村旅游生态园发展规划

（规划编制时间：2015年）

第一节　项目概况

一、项目现状分析

（一）项目区位现状

本次项目规划区域位于仁寿县汪洋镇上游村六组，总占地面积约为1200亩。

汪洋镇位于四川盆地中南部，眉山市仁寿县东南部边缘，处于四市四县交界地带。面积74.8平方公里，户籍总人口7.2万余人，现辖20个村，5个社区居委会，152个经济社。截至2013年，老城区城镇户籍人口4.2万余人。城镇化率达58.5%，较2012年提升了10%。

汪洋镇是仁寿县人口、经济、交通重镇，文化、教育强镇，是仁寿县10个扩权强镇的试点镇之一，仁寿县"一心四区"规划中的南部经济增长极，仁寿县四大城镇之一。

新农夫上游生态园地处汪洋镇上游村六组，位于汪洋镇东南方，距离汪洋新城不到10公里、三台县县城2公里。通往项目所在地的公路已规划，完成后将直连汪洋大道。项目与汪洋大道相临近，区位优势明显。

汪洋镇拥有汪洋站、尖山站两个火车站，成自泸赤（成都—自贡—泸州—赤水）高速公路（川高速S4）经过汪洋镇，是宜宾、自贡、威远等地到成都的最佳通道，是连接内江市、眉山市、乐山市、雅安市、自贡市的节点枢纽，并且已完全融入成都1小时经济圈内。

区域内建设用地基本上为农村居民点用地，大多数房屋为砖瓦结构，部分为混凝土结构。

（二）历史文化资源

汪洋镇历史悠久，旧名汪家场。据《仁寿县志》记载，汪洋镇历史上是冶官县、始建县的县治所在地。史书《宋书·州郡志》记载，东晋安帝义熙十年（公元414年），划南安县地设冶官县，属犍为郡。冶官县是为管理荣威穹窿铁山冶铁制造兵器所设，县治就在今天的汪洋镇。境内文物古迹和风景名胜众多，远近较为闻名的有省级非物质文化遗产抬工号子，还有千年古刹铁佛寺、金泉宫、东岳观等人文资源。

二、项目价值分析

区位价值。项目地距离仁寿县城35公里，距离眉山市80公里，距离乐山市90公里，距离成都市100公里。是宜宾、自贡、威远等地到成都的最佳通道，交通极为便利。

文化价值。项目地紧邻千年古刹铁佛寺、金泉宫、东岳观等，人文资源、旅游资源非常丰富，开发潜力巨大。

主题价值。项目主题突出"愿意来、留得住、感受美"的理念。以"原生态，高品质"带动旅游产业的发展，以区域价值最大化的新型发展形态为最终目标。

社会价值。项目地以优美的生态环境、精品生态旅游体验观光园带动当地经济发展，实现当地的可持续发展。

景观价值。充分利用项目所在地优越的地理位置、天然的植被、优质的水资源等优势，营造独特的地域景观，实现旅游价值的最大化。

休闲价值。打造休闲子项目，如住唐风四合院、钓莲湖游鱼、赏天外奇石等，发展旅游观光环线。休闲空间的打造留住人们忙碌的脚步，让人们在自我放飞的时空中守住最纯洁的初心。

第二节　项目总体定位

项目总体定位是"咫尺生态　上游体验"。

水——能赋予山以动态、灵性、生机。生态园下方的水库与周边生态美景连成一片，好似把人带进奇妙的神话世界。

山——它与水组成"山清水秀"这幅美丽的画卷会激起人们来一次说走就走的旅游的欲望。没有去过泰山，也许不能领会"会当凌绝顶，一览众山小"所表达出来的卓然独立、兼济天下豪情壮志；但当你来到原石滩观景台时，或许你能领略杜甫不怕困难、敢攀顶峰、俯视一切的雄心和气概。

奇石林——奇石本应天上有，奈何无意落人间；经年洗礼唯高存，生态游园现人间。

张家大院——古文化的载体与传承。当今对大院文化的保护与开发体现了对古代传统文化的扬弃。张家大院有着厚重的历史文化，凝结了古代建筑艺术。对它的开发要取其精华、去其糟粕。

绿水青山是自然界送给人类最美的风景。我们置身于生态园中，可漫步竹林听风语，可与动物挥手见，可照水理云鬓，可临风拂罗裙，还可垂杨影里来自拍。近在咫尺的原生态，能给人自在自我、优哉游哉的美好体验。

第三节 项目规划内容

一、项目目标

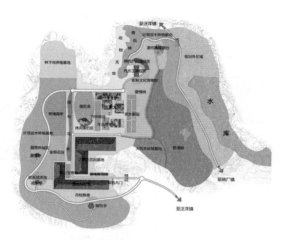

项目发展规划总平面示意图

在项目生态园中开创"生态园俱乐部、乡村城市客厅、企业生态养殖基地"等符合各个年龄阶段人群生活、休闲方式的产品形式。项目发展的远期，还能与合作投资方将农业与养老高度融合，将老有所养、老有所依、老有所乐、老有所安等健康养生产业市场的现实需求与生态园有机融合在一起。

项目建设的预期目标:

1）建成眉山市极具特色的乡村农业体验旅游生态园。

2）带动生态园乡村旅游产业的发展是本项目的核心定位。

3）生态资源循环利用，系统地打造第三产业是本项目的价值核心。

4）整合养殖产业，有效运用生态资源，确保产业优化升级。

5）项目将建成集生态养殖、旅游、休闲、娱乐于一体的现代观光旅游体验生态园。

二、项目功能分区

项目规划在区域空间上体现了"山、禽、林、湖、院、人文"高度融合发展的格局，总体上形成"一心、两基地、三亭、七景"的空间格局。

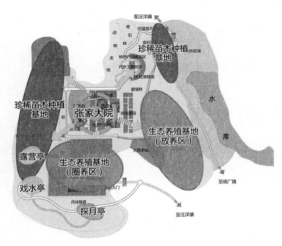

项目发展规划空间结构分析图

（一）"一心"

"一心"即以张家大院的具有唐风四合院建筑风格的星级农家乐为中心。

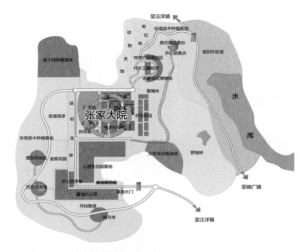

项目发展规划空间结构分析图——"一心"

（二）"两基地"

"两基地"即生态养殖基地和珍稀苗木基地。生态养殖基地由新农夫公司经营，可小规模养殖畜禽，畜禽在保证生态园内餐饮需要的同时，可对外销售。

珍稀苗木基地既有生态价值和观赏价值，也有经济价值，且能与跑山鸡形成生态循环经济，未来的经济回报较大。

（三）"三亭"

"三亭"有露营亭、戏水亭、探月亭。

露营亭：以露营为主题，让人切身感受生态美景。

戏水亭：以戏水为主题，让人与天然水亲密接触。

探月亭：以观景为主题，让人一览生态园之美景。

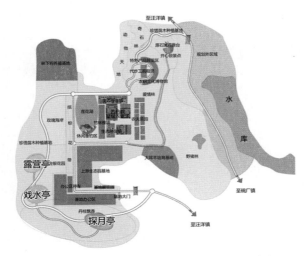

项目发展规划空间结构分析图——"三亭"

（四）"七景"

根据生态园内主次干道的划分及用地的划分，自然形成七个旅游配套景点，分别为：游客接待区、原石滩观景台、奇石林、莲花池、爱情林（同心锁）、缤纷花带、竹林雅境。

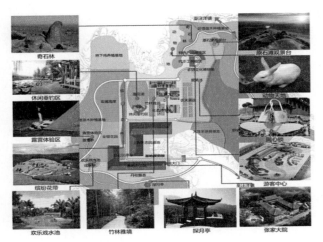

项目发展规划主要景点规划图

三、分区运作策略

（一）"一心"

"一心"即以星级农家乐为中心。

1.张家大院（唐风四合院）

将现有住房打造成以四合院为主要形式的星级农家乐，建筑风格以大唐仿古为主，精心推出绿色生态的农家菜肴，发展以赏花垂钓、农业体验、度假观光为主题的观光旅游产业环线。不断丰富农家乐景观效果，增强农家乐的娱乐参与性，打造具有大唐风格的星级农家乐，为生态园观光旅游产业的发展提供扎实的保障。

以"四品"成就品牌，打造现代风情农家乐。规模、档次实行差别定位，星级评定的等级划分条件包括经营服务场地、接待服务设施、环境保护、服务质量要求、服务项目等。

2.六大要素

六大要素为吃、喝、玩、娱、游、购。

吃：重点联动上游村与汪洋镇及汪洋新城，以农家接待为主，形成以农家味为主题的农家乐产业，带动村民增收。

喝：建议中远期在项目规划区形成具有当地特色的饮品。

玩：玩在农事体验，如耕种、喂养家禽、寻宝等。

娱：以星级农家乐为中心，开发品茶、听戏等娱乐项目。中远期可以拓展游湖、垂钓等具有浓厚乡村气息的娱乐项目。

游：以多样化的特色旅游实现**"愿意来、留得住、感受美"**的美好愿景。

购：星级农家乐中展销汪洋镇、上游村、生态园提供的当地特色产品，可供游客们选购。

（二）"两基地"

"两基地"即生态养殖基地、珍稀苗木基地。

1.生态养殖基地

生态养殖基地有生态园基地、野生放养基地。

（1）生态园基地

生态园基地由新农夫公司进行经营。在生态园内小规模化养殖畜禽有以下好处：

可以以"公司＋农户"的生产管理模式快速提高养殖量，形成规模化生产；可以进行标准化生产，统一进行技术培训，统一进行防疫，快速提高生产技术水平；可以有效地进行统一管理，降低成本，并且能形成统一品牌，提高市场占有率；能够让所有参与的养殖户利润最大化，提高抗风险能力；等等。

在生态园基地进行小规模化养殖，并在技术与管理方面与大学院校的专家团队合作。养殖农业专家、教授可以为生态园的专业养殖基地提供强有力的技术支持，为实现农业科技化、现代化发展提供有利条件。

（2）野生放养基地

野生放养基地主要位于项目核心位置周边。在不影响旅游环境的同时，它可以提升生态园的原生态高度。野生放养基地有野猪林基地、大耳羊培育基地、林下鸡（跑山鸡）养殖基地。

野猪林基地

野猪是森林的原住民，是与森林关系非常密切的最常见的大型兽类。野猪是能适应不同环境的典型代表，在进化过程中，具有极强的生态适应能力，在全世界所有能够栖息的地区都能见到它们的踪影。

野猪体形较大，四肢短而有力，非常灵活，力气很大，嗅觉也很发达。野猪以家族性群居为多，有时候几十头成群活动。野猪是地道的森林耕耘者和改良土壤肥力的掘土能手。

野猪在森林生态链中占有重要的地位，对维持森林生态系统的稳定性起着不可替代的作用。如果没有野猪不辞辛苦地翻土，土壤会板结硬化。没有野猪的活动，林下草本、灌木及枯枝落叶等的盖度不会发生巨大变化，有许多草本植物种类不能大范围扩散。土壤板结还会影响土壤动物的活动，使枯枝落叶的分解速度降低，影响土壤透气性和土壤腐殖质层的形成，导致森林物质循环发生改变。所以野猪林基地是本项目规划生态链中的重要一环。

大耳羊培育基地

大耳羊具有体格高大，生长速度快，产羔率高，适应性强，肉质好、膻味低，风味独特，板皮质量优良等特点；再加上大耳羊肉营养丰富，历来被用作壮阳的佳品，深受广大饲养户和消费者欢迎。四川简阳的羊肉汤天下闻名，其中有个重要因素就是羊肉汤的材料来自大耳羊。

林下鸡（跑山鸡）养殖基地

在现有养殖规模的基础上，再通过与本地农户合作，采用"公司+基地+农户""公司+协会+基地+农户"等模式，开展特色林下养殖。林下鸡养殖以极具食用和药用价值的贵妃鸡、野山鸡、本地土鸡、乌骨鸡为主。

林下鸡养殖可与珍稀苗木配套，在珍稀苗木、养殖、生活三者之间形成循环利用的生态模式。

2.珍稀苗木基地

近年来，随着各地城乡绿化美化工程建设的快速推进，绿化苗木生产得到了迅猛发展，并已成为一些地区农业增效、农民增收的重要项目之一。珍稀苗木基地既有生态价值、观赏价值，也有经济价值，且能与跑山鸡形成生态循环经济，未来的经济回报较大。

（三）"三亭"

"三亭"即露营亭、戏水亭、探月亭。

1.露营亭

露营亭位于生态园基地左侧山顶，以亭为标志性建筑。其地势平坦、风景优美，是游客憩息、野餐、露营、烧烤的最佳选择。露营地提供各种帐篷，不定时举办各种活动吸引周边游客前来游玩。游客可租用露营地提供的设备，自主烹饪、烧烤等。

结合生态园的整体定位，向游客提供生态园自有的产品，也允许游客自带烧烤物品，让游客在品尝美味的同时，也带动相关产业发展。打造景观露天烧烤区域，夜能赏美景，日能看风情，让游客真切地感受田园生活。夜深人静，山野无声，大自然的小夜曲陪您入睡；天青云高，气爽心舒，鸟儿婉转的歌声伴您迎接乡间的第一缕阳光。

2. 戏水亭

戏水亭位于生态园基地左侧山顶，在露营亭下方。此地段具有良好的地质特点和自然原始风貌，是修建欢乐戏水池的好地方。欢乐戏水池旁设有更衣室、公共厕所、人造沙滩等，可提供租售拖鞋、毛巾、雨衣等服务。

3. 探月亭

探月亭位置将设在生态园现有入口左侧山顶，因其地理位置优越，所以在该地建休息亭（即探月亭），以供游客进出景区时临时歇脚，同时也避免了停车所带来的交通堵塞问题。亭子四周种植部分桂花，待到金秋时节，芳香四溢。

（四）游客接待区

1. 游客接待中心

游客接待中心是游客落地接待和产品营销合为一体的综合协调部门，它的功能有：接待游客、展现旅游区特色、推销生态园产品、为游客提供各种综合服务。它是营销最后归口和后续客源市场的延展地，也是现场协调和政策灵活调控的部门。它是游客落地的第一个地方和最后离开时的地方，给游客留下较好的印象对于形成项目地好的社会口碑是非常重要的。因此，游客接待中心的服务质量直接反映整个生态园景区的总体服务水平。

游客接待中心设在原石滩观景台与奇石林之间，以实现游客接待中心控制和引导车辆换乘功能，有序地集、散游客。游客接待中心的设施可分为服务、管理、交通、基础设施四大类，其中，服务设施最为重要，包括接待、信息、购物、娱乐、医疗卫生，还有其他辅助设施，如急诊室、休息区、卫生间、广播中心等。

2.小型农耕文化博物馆

小型农耕文化博物馆位于游客接待中心附近，其展览物品可以向上游村村民征集。征集来的每一件"作品"上都标注有农具名称及捐献村民姓名。农耕文化博物馆设立的目的在于让来此的游客感受农耕文化、体验农耕生活，加深对农耕文化的认识。

3.特色产品展销

特色产品展销部分的建筑风格以汉唐仿古为主，与四合院风格一致，从而在建筑空间布局上产生联动性的美感。在特色街区里，主要发展园区绿色农产品经济，以及特色餐饮农家店，以精品农家小吃和农家特色产品为主吸引广大游客。

农家特色之特有五点。

1）游客可以在展销区购买到养殖场内生产加工的健康肉制品，如牛肉干、羊肉。

2）游客可以在展销区的视频里看到食物来源的生态环境及加工过程。

3）游客除了在四合院能品尝到精品农家美味，也能吃到有滋有味的特色农家小吃。美食的食材基本来自生态园区。

4）游客在此能感受到原汁原味的乡土风情。

5）游客可以参与到部分产品的制作中，体验产品各加工环节的严谨和人力的艰辛。

（五）原石滩观景台

很久以前，山间一对母子相依为命。小伙子虽长得俊美无比，但他的母亲却给他起个不大好听的名字——石头娃。在一次进山狩猎中，石头娃救下了一个美丽的女孩，她名叫俊女。因俊女负了伤，就暂住在山里。石头娃与俊女日久互生情愫。但俊女的父亲派人将俊女抓了回去，不许两人来往。石头娃天天站在一块大石上盼着俊女回来，流出来的泪水冲刷着脚下石头，日复一日，尖石被磨成了原石，石头娃也久病不起，最后被埋在原石下。那原石也就是如今的原石滩观景台。

原石滩观景台在这个历史传说的基础上挖掘出青年人对爱情的追求精神，也鞭笞着封建家长制的毒害，鼓励新时代的青年人要有向上向善的人生追求。

（六）奇石林

生态园内山石林立。这里的每块石头因地质变化而造型各异，风格独特，好似天外陨石，因而命名奇石林。奇石林在游客接待中心附近。游客沿着青石小径可通往奇石林，身处奇石林可感受奇石的魅力。

（七）莲花池

1.莲花湖畔

"荷花娇欲语，愁杀荡舟人。"荷塘中，不光有荷花、荷叶，还有漂亮的观赏鱼。如若漫步在水中的石阶上，可以清楚地看到小鱼儿三五成群地从身旁游过。下雨时，它们可以躲藏在荷叶底下遮雨。天气晴好时，它们会懒散地在水中游来游去，全然不顾岸上羡鱼不羡仙的你。你也不要问鱼儿快乐不快乐，因为没有人也没有鱼能回答你，你只需好好享受此刻美好的时光。

2.莲湖垂钓

一根渔竿，一把座椅，找一处心仪的地方安静地坐下，甩开渔竿，眼前是荡漾的水面，心却可游上云端，鱼儿上不上钩无所谓，心安便好，心静便闲。"爱钓鱼，爱生活"，休闲项目之一垂钓这里不能没有。在莲花池与四合院旁边修建小型垂钓台，供游人垂钓。可借举办"心拥莲湖，游钓巴蜀"为主题的系列性莲湖水域垂钓活动，吸引广大垂钓爱好者参与活动，又能带动游客亲近自然。

（八）爱情林

生态园的竹林附近薄雾氤氲缭绕，让人流连忘返，从这里传出去的美丽动人的爱情故事也有了层神秘的色彩。相互爱慕之人如相约于生态园游玩，在这氤氲缥缈的芬芳中，恐怕会更珍惜难得的朝朝暮暮。

（九）缤纷花带

项目地中，通达的道路穿插于生态园各个子项目中。在道路两旁种植花卉，比如四季花、玫瑰等，既美化环境，又赏心悦目。

（十）竹林雅境

文人多爱竹，苏轼也不例外，曾有诗云："宁可食无肉，不可居无竹。无肉令人瘦，无竹令人俗。"杜甫也爱竹。杜甫家的竹林春来生发得厉害，不仅封住了柴门还堵住了道路。杜甫很欢迎那些来看竹的人。他在《咏春笋》中有云："无数春笋满林生，柴门密掩断行人。会须上番看成竹，客至从嗔不出迎。"本项目地中生态园所在区域本来就有一大片竹林，是自然馈赠的一处好景点。在竹林之中，设有移步换景，例如：竹趣流香——竹趣香景，生态物语；绿野仙景——绿野仙踪，心之乐园；竹林清幽——竹林幽径，田园清梦；等等。移步换景，步步有景，景景生情，游客到此，仿佛进入"绿竹入幽径，青萝拂行衣"的雅境之中。春笋肥大、洁白如玉、肉质鲜嫩、美味爽口，被誉为"菜王"。烹调时无论是凉拌、煎炒还是熬汤，均鲜嫩清香，是人们喜欢的佳肴之一，故又被称为"山八珍"之一。园中多余的春笋，可售给游客。让游客带回家的不仅有美好的回忆，还有鲜美的山珍。

第四节　道路交通系统规划

一、园区内道路景观设计理念

道路交通系统规划的目标是在严格保护项目当地环境风貌的前提下，满足当地居民的交通需求，并且有助于保护当地的空间发展格局。

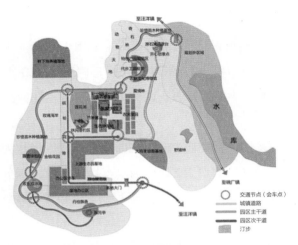

项目发展规划交通规划图

本次规划拟在生态园区内修建一条长约1.5公里的环形道路（主路宽3.5米，路基0.5米）。道路两边以阶梯式、长条直线等静态弧条造型建造绿化带，上点缀小乔木和大乔木，构建多层次的空间景观。绿化带植物配置分为上、下层。上层大银杏，造型五针松，香樟为骨架；下层以色叶灌木为主，并点缀无刺构骨球等球类，以常绿多彩灌木做配景，使季节绿化更为丰富多变。

二、道路布局规划

1.生态园对外交通

整个生态园交通规划的重点：一要加强与汪洋镇及周边县市的联动；二要全面提高道路等级；三是在现有道路的基础上，将未来政府规划的道路考虑在内，预见未来整个生态园所形成的公路网和干线；四是扩大出口通道，提高通行能力。

规划实施的前期，将上游村村委会旁边的道路作为生态园的主导路线。由于道路为单行道，在整条路线中添加多个会车处，以缓解高峰时期的交通压力。另外，可与政府协调，对道路进行加宽、硬化。

2.景观栈道

生态园内,景观栈道设计为1.2米宽,主要用于游客徒步游览。因整个生态园核心区域地势较为开阔,所以可在栈道两旁种植花卉,打造绿色栈道。道路则以青石板作为路面基石,两旁用仿木水泥栏杆做栅栏。

3.生态停车场

为了保持规划区的步行交通方式,同时又确保建设区作为农业观光景区的交通可达性,在规划区共设置2处社会停车场,分别位于游客接待中心附近与唐风四合院周边,避免社会车辆过于集中。共设置100个标准生态停车位,可接纳游客数量在300~500人。

为了集约用地和避免大型停车场地对空间规划格局的消极影响,每处停车场地面积不宜过大。

4.旅游标识系统建设

标识系统具有交通导向和旅游指示的作用。建设旅游环线标识系统应结合当地自然环境特点、历史文化内涵和乡村旅游的特色,采用传统、质朴、乡趣的形式,力求兼具文化性、艺术性和高品位,以利于创造多样有序、充满活力的旅游空间。应分类别对标识进行统一设计,旅游标识系统主要包括四大类型:旅游综合导示牌、旅游景点介绍牌、旅游指示牌、旅游警示关怀牌。

锦绣梓州　印象三台

——绵阳市三台县统筹城乡示范区
策划暨发展规划

（规划编制时间：2016年）

第一节　项目概况

一、自然地理状况

（一）县域基本情况

三台县位于四川盆地中偏西北部，绵阳市东南部，距绵阳市57公里，距成都市108公里。交通便利。全县面积为2661平方公里，辖63个镇乡（其中镇41个、乡22个）、932个村，108个社区居委会。全县总人口147.31万人（非农业人口21.4万人，农业人口125.91万人）。

（二）示范区基本情况

整个示范区域为芦溪镇五柏村、玉星村和立新镇高棚村26个村民小组，总户数1655户、总人口4890人。面积为11.14平方公里，耕地5558亩，林地4229亩。

二、区位交通状况

三台县东与绵阳市盐亭县交界，南与射洪相邻，西与中江县接壤，北与绵阳市涪城区相连，距绵阳市57公里，距成都市108公里。是川西北交通枢纽，绵阳市交通次枢纽，区域性中心城市，至今已构成了四通八达的立体交通网络。

三台县现已通车的绵三快速通道、三射路、三中路、三大路、三盐路均为一、二级公路，并与成绵、绵广高速公路相连，绵遂高速、成德南高速在三台县城区交会，从成都到三台县仅1小时左右的车程。镇乡公路四通八达。绵遂内宜城际铁路将经过本区域，即将动工修建。

三、文化旅游资源状况

1）三台县历史悠久，文化底蕴浓厚，自西汉高祖六年（公元前201年）以来，已有2000多年历史。

2）北宋有苏易简、苏舜钦、苏舜元三兄弟，世称"潼川三苏"，一状元两进士。唐代大诗人李颀、李珣均出生于三台。

3）古老的三台在唐代曾与成都齐名，为蜀地第二大城市，是川西北政治、经济、文化中心，享有"川北重镇、剑南名都"之美誉。诗圣杜甫于唐代宗宝应元年（公元762年）七月流寓三台，历时一年零八个月，创作《闻官军收河南河北》等百余首不朽诗篇。

4）三台县辖区内有国家级重点文物保护单位——郪江汉墓群，有省级历史文化名镇——郪江镇，有省级重点文物保护单位、四川省第二大道教圣地——云台观，有国家水利风景区、四川省第三大人工湖泊——鲁班湖，还有大佛寺、琴泉寺、凤凰山城市森林公园、东山公园、小明湖等历史、人文景点。

四、存在的问题及对策

三台县坚持把发展作为第一要务，经济、社会、人文、生态等各方面发生了巨大变化，进入了新的阶段，但在总体规划上仍存在一些不足。例如，规划区域内产业规模小、分布散，集体经济组织还有待健全，区域内基础设施不完善，一、三产业未形成有效的互动，等等。宜采取以下对策来促进发展。

1）规划产业总体性布局，集约化、集团化实施产业升级；

2）鼓励成立村级集体经济组织；

3）完善乡村道路规划，加大基础设施发展投入；

4）大力推动"公司＋集体经济组织""公司＋专合社""公司＋专业大户""公司＋股权"等合作模式。

第二节　项目定位

一、总定位

项目总定位为"锦绣梓州　印象三台"。

涪江，善利万物而不争，润泽梓州而无名。在这片锦绣土地上，三台人民用他们勤劳的双手，正在建设集各种农垦元素于一体的现代农业示范区。看那田间的一垄垄藤椒和麦冬，它们长出了村民的希望。

三台县统筹城乡示范园全景鸟瞰图

三台县正在构建生产、生活、生态"三融合"的现代生态观光农业。现代生态观光农业的理念是"远离喧嚣，回归宁静，宜居宜游"。在"农业品牌、农业旅游、农业土地增值"三大市场的基础上，打造出一个现代城市农家公园，让人们在现代城市农家公园里离尘不离城，"游山玩水"、体验农业观光、田园度假的乐趣。

锦绣梓州,亦真亦幻。如此印象,如诗如画。令人陶醉,印象三台。整个核心区形状酷似牦牛,意味着勤劳勇敢的三台县人民在现代农业的发展中,如股市中的牛市一般——气壮如牛、牛气冲天。

二、空间战略规划布局

示范园区战略规划布局结构为:"一条乡村旅游环线、三大产业片区、八大生态景观元素"。

(一)一条乡村旅游环线

以绵三路为主轴,在示范区形成生态乡村休闲旅游环线,围绕锦绣八景,拥抱三台秀丽的自然风光,体现地域风情和特色文化。

在打造生态旅游环线中,总接待游客量按3万人次定位,第1年按1.5万~2万人定位,第2年以后按3万人定位。在保证游客量的同时,也要保证停车位的充足。拟在8个景观处修建8个生态停车场(随着游客量的逐年增加,每户农家自发在房前屋后设置6~8个停车位,按500户估算),同时修建8个生态公共厕所。在绵三路上新修建2个人行天桥,确保游客游玩高峰期的人身安全。

(二)三大产业片区

三大产业片区:中国民俗文化产业区,大力弘扬中国传统文化;椒香辉映健康养生产业区,以得天独厚的优势大力发展健康养生产业;锦绣盛世樱花悠乐园区,以促进新农村发展为根本,在生态中求发展,以发展促生态。

(三)八大生态景观元素

八大生态景观元素作为三台县旅游环线地域文化的结晶,传承了古梓州的历史文脉,凸显了三台县的文化基因,发扬了三台特色的地域文化,形成四川特有的农家公园体系。"八大生态景观元素"包括锦绣农博园、锦绣财神庙、锦绣生态湿地公园、锦绣中国民俗农庄、锦绣爱情林、锦绣盛世第四代水乐园、锦绣盛世樱花悠乐园、锦绣农耕文化博览区。

三、各子项目的定位

（一）中国民俗文化产业区

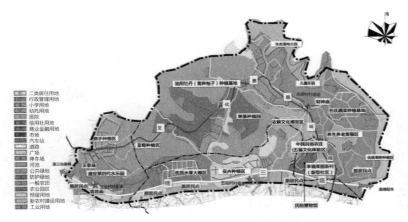

中国民俗文化区总平图（高棚村）

本项目重点发展高棚村，带动及辐射新景村。疗养休闲中心提供休假、保健、医疗、康复等综合性服务。此中心还可搭建学术、技术交流平台，承办各种培训活动等。来此交流的专家、学者还可以游赏自然风光、品味多彩生态蔬菜、感受独特的地域文化。

在高棚村建造农耕博物馆。在农耕博物馆中，分别以小展厅多维度展示五福文化、农耕文化、民俗文化、乡土风情等。农耕博物馆既可以保护农耕文化，展示农耕文明，还可以带动乡村旅游的发展。

（二）椒香辉映健康养生产业区

三台县自然生态环境优良，健康养生氛围浓厚，在五柏村发展健康养生产业尤其有着得天独厚的优势。

在五柏村，可结合其自身产业条件和资源优势，修建农博园。在农博园中，可以建设专家、学者交流技术、信息的平台或基地，同时在专家、学者的支持下，高质量办好农民技能培训班。小型农产品（绵州九宝、橄榄油、藤椒油等）展览会的举办，要开好头，起好步，办出质量，办出水平，办出品牌，形成"产业促发展、富民兴三台"的态势，推进各项目产业健康发展。五柏村有了自己的健康养生产品，便可积极发展健康养生产业，增加村民收入。

（三）盛世樱花悠乐园区

盛世樱花悠乐园总平面图（玉星村）

2017年2月5日，"田园综合体"作为乡村新型产业发展的亮点措施被写进中央一号文件，原文如下：支持有条件的乡村建设以农民合作社为主要载体、让农民充分参与和受益，集循环农业、创意农业、农事体验于一体的田园综合体，通过农业综合开发、农村综合改革转移支付等渠道开展试点示范。

本项目盛世樱花悠乐园区正是要打造新时代的"田园综合体"。

所谓"田园"，要求包括农村旅游产业链、农产品上下游行业、基本农田保护与开发等关联的田园产业。

所谓"综合"，要求有丰富的四季景观和节庆设计，食品和农产品销售渠道，旅游休闲产品的外部推销网络，原住地农民的共享发展收益，等等。

整体来说，田园综合体是集现代农业、休闲旅游、田园社区为一体的乡村综合发展模式，是通过旅游助力农业发展、促进三产融合的一种可持续性发展模式。

第三节　三台县现代农业价值体系分析

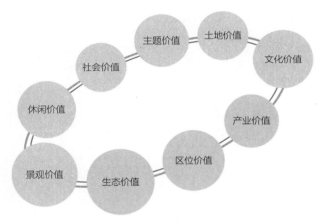

三台县现代农业价值体系架构图

（一）主题价值

项目主题为"产村相融"。最终目标是"以产兴村、产村相融"的新型发展形态。

（二）区位价值

三台县北临绵阳57公里，西离省会成都108公里，东距重庆300多公里。属川中丘陵地区，地势北高南低。交通较为便利。

（三）文化价值

拥有四大历史文化景点（郪江、郪江汉墓群、云台观、鲁班湖）构成了郪汉文化旅游景区，旅游资源非常丰富，品位极高，开发潜力巨大。

（四）产业价值

"产村相融"必须立足于利用三台县资源优势，依托龙头企业，充分发挥本地生产要素作用，带动和促进"产村相融"发展。

（五）生态价值

三台县作为农业大县，拥有得天独厚的生态环境、旅游资源，其虹吸效应可以带动其他产业的发展。

（六）休闲价值

打造休闲项目和观光旅游项目。项目设计要强调各个时段人流的驻留性。在公共节点给予人们自我放松的空间。

（七）景观价值

充分利用三台县优越的地理位置、天然的植被、优质的水资源等优势，营造令人赏心悦目的景观，增加旅游的观赏点，实现经济效益。

（八）社会价值

项目打造的"微田园"生活——前庭后院、炊烟缭绕、瓜熟稻香、鸡鸣犬叫，让人体验田园生活乐趣，享受农家乡土情趣。

第四节　幸福美丽新村（新型社区）建设布局

一、新型社区建设的指导原则

（一）科学规划，合理布局

新型社区建设必须牢固树立科学规划的理念，不仅要重视规划的科学编制，还要重视规划的具体实施。

（二）政府主导，农民主体

新型社区建设既是一项系统工程，政府必须加以引导；新型社区建设又是农民自己的事，农民必须充分自愿参与建设。

（三）城乡统筹，产镇相融

新型社区建设是城乡一体化发展的实践，首先要体现田园风光和乡土情趣，同时引入城市公共服务和现代生活理念，实现城乡经济、社会、文化、生态等方面的联动融合。

（四）整合资源，合力推进

新型社区建设必须与重大建设项目相结合，搭建投资平台，引导优质资源向新农村建设综合体流动。

新型社区建设要素框架图

二、规划区内村落民居现状

规划区内，居民点分布相对分散，综合功能不明显，基础设施不完善，道路、林盘占地不太合理。

三、新型社区建设目标

村落民居建设是新农村建设的重点之一，是改善民生的重要体现，是"乡村整洁"的重要环节。我们将按照"体现地域特色、体现民族特色、体现文化特色、保护生态环境"的要求，打造"微田园"生活模式，凸显"前庭后院、炊烟缭绕、瓜熟稻香、鸡鸣犬叫"的乡土特色，建设美丽宜居乡村。

邀请美术学院的专业老师或学生进行年画创作。具体要在绵三路和新型社区老百姓房屋的正面及临公路的那面进行艺术创作，以美化新村风貌。

本次规划在玉星村、五柏村等主要干道沿线对现有的部分农村居民点进行风貌整治（主干道200米范围内），风貌整治工作主要包括以下几个方面：

　　1）粉刷建筑外墙（以产业画等为主）；

　　2）农村院坝护栏整治；

　　3）房前屋后树木栽植；

　　4）对部分民居坡屋顶进行适当改造。

四、新型社区建设部分

　　坚持以新村建设为基础带动产业发展，以产业发展促进新村建设，实现产村联动融合。本次将在规划区内划分出50~80亩土地用于建设新型社区。原地的部分农民搬迁至绵三路、砖厂附近居住，部分农民搬迁至高鹏村堰塘附近居住。

幸福美丽新村（新型社区）意向图

第五节 产业布局

在"统筹城乡 产村相融"发展的过程中，产业发展是促进地方经济发展，保障劳动就业，实现农民增收的核心要素。因此，规划范围内重点乡镇村落的发展建设，必须坚持"政府引导、措施创新、市场运作、农民参与"的原则。

一、布局原则

（一）集团化原则——产业组团式发展

产业发展应注重规模化，只有实现规模化，相类似的产业在一定范围才可以互动提升，从而打造出专业化的产业片区。针对这一点，在产业规划的过程中，我们一方面要以村为基础，按各村的不同特点因地制宜；同时也要依照产业布局的空间特点实现跨村联动，以产业组团去规划项目的发展。

（二）集约化原则——推动新型设施农业

现代农业是传统农业发展的新阶段，发展现代农业就要改造传统农业，不断发展农村生产力，转变农业增长方式。集约化经营是现代农业发展的必由之路。集约化可将分散的土地集中起来，提高资源利用率，实现规模经营，降低生产经营成本。采用集约经营方式进行生产，可以获得比粗放农业更高的效益。我们在规划时要以设施农业为基础，实现农业集约化和现代化，从而使全区农业发展上一个新台阶。

（三）生态化原则——发展有机绿色循环农业

发展有机绿色循环农业不仅符合我国农业生产的高产、优质发展方向，在保护环境的同时也是满足市场消费的要求。我们将创新生态循环发展模式，大力建设生态农场，推动农业生产废弃物循环高效再利用，实现现代农业绿色发展。

二、产业现状

示范区内现有产业包括佛手产业、大棚蔬菜、藤椒产业、油用牡丹（套种柚子）产业、果蔬种植等，规模基本成形。

三、产业空间布局规划

（一）产业发展的空间引导

功能分区图

三台县产村相融总体呈现"一轴、一环、三个主导产业"的分区模式。

一轴：以绵三路为主轴，以S2成德南高速为园区发展轴；坚持以农业发展为主导，三台县发展为核心。发展新农村建设，推进优秀示范区的成片发展。

一环：一条乡村旅游环线。本次规划旅游环线经过玉星、高鹏、五柏三个村。

三个主导产业（两个辅助产业）：建成三个片区，即"椒香辉映"健康养生片区、中国民俗文化产业片区、锦绣"盛世樱花"悠乐园区。通过这三个片区的建设，带动另外两个辅助产业的发展，促进园区内的乡村旅游及农民增收。同时，园区内的特色农业产品可以满足本区内其他各个分区的需求，达到"产促村、村应产、产村相融"的效果。

（二）产业的相对聚合

结合项目地产业现状，我们作出"产业相对聚合"的规划。产业相对聚合，是指在区域内原有产业的基础上，对于能够连片发展的产业，通过建设用地的整理与流转，将原本分割开的区域连为整体，以加强各类产业的聚合效应。对于已经存在却又分布较为松散、难以实现空间上聚合的同类产业，通过整体规划，将其纳入同一产业区。在整个区域范围内，不同的产业区又可以实现联动，从而达到"相对聚合"的效果。这种规划模式可以改变以往分散在镇、乡不同地方的同类产业独自发展、未能形成聚合效应的状况，实现产业整合。

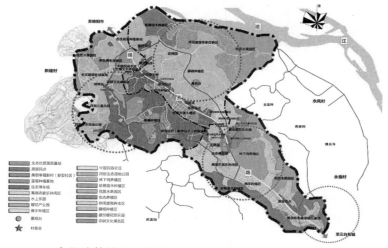

三台县统筹城乡示范园区总体战略规划编制产业布局图

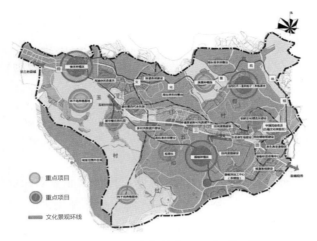

"椒香辉映"健康养生区重点项目图

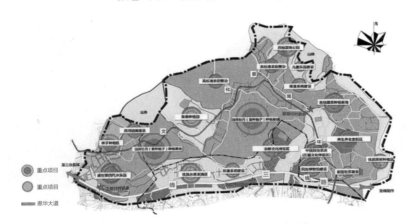

中国民俗文化区重点项目图（高棚村）

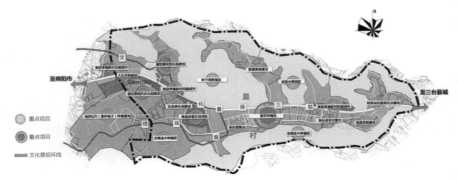

"盛世樱花"悠乐园区重点项目分布图（玉星村）

四、产业规划

（一）主导产业规划

1.有机藤椒产业

预期目标

计划在2015年底建成5000余亩，与四川梓州农业藤椒开发分公司合作，带动多家农户加入合作社。全面建成投产后，年产藤椒近130万公斤。同期开发有机藤椒相关系列产品。在五柏村划出200~300亩的设施用地，用于企业办公、农博园的建设等。

发展思路

1）抓好种植园区基础设施建设，提升土壤质量，确保藤椒品质优良。

2）藤椒需要3~4年进入丰产期，这期间可交叉种植西瓜，提高土地的利用率，多为农户创造收益。

3）构建"公司（协会）＋基地＋农户"的产业运作模式，实现集约化生产。实施科学有效的生产技术管理办法，做到"五统一、三分享"（统一规范、统一技术、统一生产、统一检验、统一销售，分享技术、分享风险、分享利润），共同抵御市场风险。

4）联动第二产业对有机藤椒进行深加工。可将加工区设在芦溪工业集中区。

发展策略

1）近期对五柏村土地进行土壤改良，集中对其中200亩农田进行高标准改造，形成标准化良田，用以藤椒展示区的建设。

标准化良田建设的主要内容包括土地平整、做好灌溉与排水、修建田间道路等。较完善的基础设施能使每个田块都能直接邻渠、邻路、邻沟，每个耕作区与农村居民点的道路也能畅通。田间基础设施占地率不超过8%，基础设施使用年限不低于15年。

　　土地平整工程是为满足农田耕作、灌排需要而进行的田块修筑和地力保持措施总称。已包括耕作田块修筑工程和耕作层地力保持工程。田块规格和平整度应满足农业机械化生产的要求，每个田块的面积不低于20亩，耕作层厚度不低于30厘米，有效土层厚度不低于60厘米。

　　灌溉与排水工程是为防治农田旱、涝、渍和盐碱等灾害而采取的各种措施总称。它包括水源工程、输水工程、排水工程、喷灌工程、渠系建筑物工程和泵站及输配电工程。在规划区内形成网络式沟渠，主要排灌沟渠采用混凝土浇筑，分支沟渠采用U形沟槽。

　　田间道路工程是为满足农业物资运输、农业耕作和其他农业生产活动需要所采取的各种措施总称。它包括田间道和生产路。项目规划拟在区内建设田间主干道。

　　2）通过展示各类藤椒产品，吸引投资企业的兴趣，发展藤椒产业。

　　3）通过土地流转的方式将村民手上闲荒的土地集中流转出来，并成立村集体经济组织、村合作社等机构，再通过租赁的方式将土地集中租赁给投资企业发展农产业，让农民增收。

　　2.油用牡丹（套种柚子）产业

预期目标

　　油用牡丹是一种新兴的木本油料作物，具备突出的"三高一低"的特点：高产出、高含油率、高品质，低成本。牡丹油也被称为液体黄金。计划2015年底完成种植面积1000亩，预计2016年扩大到2000亩。与佳鸿农业综合开发公司合作，按目前市场价格计算，每亩地经济效益达万元以上。在高棚村内划拨120~150亩的设施用地用于企业办公等。

发展策略

　　1）在油用牡丹种植区域套种柚子树，以葡萄柚为主，其颜色微红，汁水多。

　　2）建设以"原生态美味油"为宗旨的集种植、采摘、生态旅游观光、休闲度假为一体的生产园区，不断提高油用牡丹与葡萄柚的品质和知名度。

　　3）在园区内修建园区道路，道路宽度为1.5米，主要是为便于农户生产及游客入园采摘观赏。

4）集中精力在制作加工、包装广告、组织销售、油用牡丹文化挖掘等多个环节上下功夫，做好营销推广工作，拓展产品的销售市场，提高经济效益。

5）拓宽现有的部分沟渠，充分利用水库中的水资源。

3.佛手产业

预期目标

佛手种植现已达到200余亩，预计将达到1000亩。佛手种植可与现代生态农业观光区等旅游资源整合，打造新品牌。可将佛手的观赏价值和农业观光有机融合在一起，极大丰富旅游内容。佛手亩产可达800~1300千克，产值预估至少3000~6000元。在玉星村内划拨60~80亩的农业设施用地用于企业办公等。

发展策略

以佛手农业产业为基础，挖掘佛手的养生价值、药用价值等，构筑以佛手为主题、符合现代旅游消费市场需求的旅游产品体系。同时，通过旅游项目的开发，逐渐完善佛手农业产业链条。示范农业、旅游业、产品加工业，三者可以实现网络式和谐共生，互促发展。

根据规划区的实际情况，项目组划分出五大功能区，包括佛手种植示范区、佛手文化创意区、佛手科技交流区、佛手养生休闲区、佛手采摘休闲区。

本项目将以佛手为主题，打造集产业示范、文化创意、科技交流、休闲养生、观赏休闲于一体的低碳农业产业园区、农业休闲旅游度假区。

（二）配套产业规划

1.优质果桑园

在新景村附近，着力打造优质果桑园，主要研发、种植枇杷、油桃、柚子、椪柑、桑果等果树，占地约1500亩。在果树种植园内套养林下鸡，在增加土地利用率的同时也增加了土地的经济价值。

2. 林下鸡养殖

采用"公司+基地+农户""公司+协会+基地+农户"等模式发展特色林下养殖。林下鸡以极具食用和药用价值的贵妃鸡、野山鸡、本地土鸡、乌骨鸡为主，争取年出栏优质林下鸡10万只。

3. 优质果树种植

发展优质果树种植产业，要充分开发具有观光、旅游价值的农业资源和产品，要把农业生产、科技应用、艺术加工和游客参加农事活动等融为一体，让游客体验新兴的农业旅游活动。

可在果树种植基地中划分出一个片区，开展采摘节活动，比如"五月江南碧苍苍，蚕老枇杷黄"的枇杷节，其产生的经济效益比一般市场销售要高。要发展观光、采摘、品尝、加工包装、实验示范、购销、传播果树知识于一体的娱乐观光园。

4. 珍稀苗木种植园

近年来，随着各地城乡绿化美化工程建设的快速推进，绿化苗木生产得到了迅猛发展，并已成为一些地区农业增效、农民增收的重要项目之一。

珍稀苗木种植园具体划分为生态休闲园、种苗繁育园、原木种植示范园等。

（1）生态休闲园

在玉星村附近打造成规模的农家乐，建筑风格以大唐风格为主，精心推出绿色生态的农家菜肴，并以此带动示范区以休闲为主题的乡村旅游业发展。围绕旅游环线打造建设四星级以上农家乐5家，三星级农家乐3家，依托高棚村新村聚居点建设农家旅店4个以上（含餐饮、住宿、特色小商品店），旅游商品购物点2个，成立1个体验农业观光旅游合作社。

为丰富农家乐的景观效果，增强农家乐的娱乐参与性，在各栽培小区均设置介绍花卉品种的生态习性和欣赏要领的标识牌。

生态休闲园里有景色宜人的堰塘美景，有果园花圃，林木葱茏、农居幽雅，游客们享受着田园风情的休闲乐趣，心灵与身体皆回到大自然的怀抱。

（2）种苗繁殖园

种苗繁殖园主要培育珍稀花卉苗木区内的苗木幼苗，并且通过嫁接、杂交等技术手段提升种苗的品种，也通过研究繁殖出更具价值的珍稀苗木品种，为珍稀花卉苗木区的后期提升和发展打下良好的基础。

园内发展建议：

1）现有品种培育区：本区内的花卉苗木种植主要为现有品种。珍稀花卉苗木区的不断扩大必定需要更多的苗木，这为生态休闲园的发展提供了好的资源基础。

2）现有品种改良区：对现有花卉苗木品种进行改良实验。通过对现有品种的改良，增加苗木的稀有性和珍贵性。

3）研发区：主要承担新品种的研发。

（3）原木种植示范园

本区内所有树木都用来制作家具。家具可以接受客户预订，也可以联系国内知名家具厂直销。所做家具全部为实木家具。

5.有机蔬菜培育基地

生活在大城市的人或许内心会向往田园生活。人们越来越注重健康饮食，有机蔬菜、绿色食品等大受人们欢迎。有机蔬菜培育基地可租给游客无公害蔬菜自用地，种菜需要的种子、肥料、劳动工具等都由基地负责提供。在基地内还有专门的技术员对游客种植进行指导，并负责日常看管。基地的技术员也有自己的菜地，人们在基地内不仅可以租种菜地，还可以到技术员的菜地里采买蔬菜。

（三）生态乡村体验观光旅游产业规划

1.总体战略

本项目开发的乡村旅游以"体验农业"和"旅游观光"为主。重点开发的乡村旅游区近期要实现发展上的重点突破，中远期将会带动、提升全县域的发展。以三台县统筹城乡农业示范区的推动为契机，以深厚的历史文化底蕴和丰富的生态旅游资源为依托，融入"愿意来、留得住、感受美"的理念，为未来的三台县开拓生态乡村旅游打下良好的基础。

2.开发战略

（1）塑造品牌、差异竞争

开发乡村旅游要注重自身品牌的塑造。绵阳乡村旅游的发展已趋近成熟，且在地理上与本项目较近。本项目示范区要开发乡村旅游就得依自身的特性塑造旅游品牌，走差异化发展道路。

三台县乡村旅游发展应从打造"生态农业强县"这张新牌切入，特别是要利用好三台县较优质的农业资源，塑造其有别于"看山、戏水"的旅游主题；同时，要利用好另外一张牌，即特色产业发展，树立三台县旅游尤其是乡村旅游产品的品牌形象。

（2）重点突破、以点带面

规划园区旅游业发展基本上处于启动阶段。现阶段，示范园区要采用"重点突破、以点带面"的旅游开发思路，以"生态农业强县"和"特色产业发展"为旅游线打造的重心，集中力量打造精品旅游区，推出示范园区乡村旅游的"拳头"产品，实现旅游线上重点项目的突破；然后再实现各个旅游点的联动，推动片区旅游产业的发展。

（3）区域联动、产业发展

这里的区域联动包括两个方面：一是规划区域与外部区域的联动，主要是借助外部因素来促进本区域内旅游产业的发展，如与郪江古镇的联动，与云台观的联动，等等。二是内部各个区域的联动，即"一轴、一环、三片区"中"三片区"之间的联动，以及"三片区"与"一轴"之间的联动。区域联动要以"市场开放、客源互送、优势互补、合作共赢"为原则实现区域合作。"一环"恰恰能起到串联起片区各点的作用，形成有吃、喝、玩、娱、游、购的生态旅游区。

3.旅游产品策划

（1）一个鲜明的产品代表

示范区旅游发展应利用三台县深厚的现代农业底蕴，大力开展生态农业文化的宣传，从文化、历史角度营造生态绿色强县的大环境，提升整个旅游区的品质。

（2）一条主导旅游线

三台县乡村旅游环线涉及玉星、五柏、高棚三个村。环线还能很好地将这三个村与绵三路串联起来，实现开发以"五福文化""农业文化""赏花采果"等为主题的乡村休闲旅游的目标。通过举办"乡村婚礼""采摘节""亲子游""骑驾游""户外拓展"等活动，形成有特色的乡村观光旅游度假地。

4.乡村旅游六大要点

吃：以玉星村附近的农家接待中心为主，形成以品乡村农味为主题的农家乐产业，带动农民增收。

喝：在规划园区内开发桑葚酒、佛手凉茶等二级产业。

玩：玩在农事体验，如可举办耕种、推磨盘、寻宝等活动，增强游客的互动与体验感。

娱：近期可在高鹏村水库周围修建湿地公园，中远期可以就公园拓展湿地休闲游、垂钓等具有浓厚乡村气息的娱乐项目。

游：重点打造樱花悠乐园、民俗农庄等旅游景点，以多样化的特色旅游实现"愿意来、留得住、感受美"的美好愿景。

购：修建新型社区的同时，在临街面修建部分归集体资产所有的商铺。商铺主要出售本地特色产品，如桑葚酒、生态绿色蔬菜、枇杷、佛手盆栽。商铺所得利润以年终分红的形式分给村民。

（四）乡村旅游锦绣八元素

1.锦绣第一元素：爱情林

相传很久以前，在五柏村住着一对年轻的恋人，他们没有父母之命、媒妁之言，而是自由恋爱，但遭到父母的反对。这对恋人被迫来到山中，誓死不分开。顷刻之间，二人化作两棵枝节相互缠绕的大树。后来，此地渐渐长成一片林地，后被人们称作爱情林。项目组经过现场实地勘察，决定将"观景台"放于爱情林旁。因此地山体较高，视野较为开阔，观景台上游人可俯瞰绵三路沿途的田园美景。

2.锦绣第二元素：农博园（专家大院）

在五柏村规划一处专合组织培训中心，为发展现代农业提供强有力的科技支撑。培训中心主要以农业专家大院为平台，下设果蔬科技研发推广中收、畜禽科技中心、农产品精深加工研发推广中心等。采用"大院+专家、专家+项目、专家+产业、专家+企业"的发展模式。通过搭建农业科技项目、技术、人才的集聚平台，促进农业专家大院与产业化企业、专合组织、股份制合作社的科研联动、研推并举，实现多方的互利共赢。

在农博园内打造珍奇瓜果园、果蔬观赏采摘园、沙漠绿洲园、立体无土栽培蔬菜园、世界各国花园等，使游客足不出园便能感受现代农业的魅力。

3.锦绣第三元素：生态湿地景观公园

湿地生态系统是湿地植物、栖息于湿地的动物、微生物及其环境组成的统一整体。湿地具有多种功能：保护生物多样性，调节径流，改善水质，调节小气候，以及提供食物及工业原料，提供旅游资源。湿地是珍贵的自然资源，也是重要的生态系统，具有不可替代的综合功能。

在高棚村打造生态湿地景观公园，园内包含：

混合水岸园林：在不影响林盘湿地生物栖息生产的前提下，尽量与周围的生态景观相协调。

光影平台：滨水栈道的部分路段延伸出小型平台，提供摄影、写生、绘画、观景等游憩空间。

滨河乡村景观：沿梓江河设置2~3处滨河乡村景观小品。

儿童乐园：规划300亩土地用于建设儿童乐园，增强公园的游玩性。

4.锦绣第四元素："盛世樱花"悠乐园

"盛世樱花"悠乐园位于玉星村，环绕水塘而成片种植。由园林苑景观园林工程设计有限公司规划、设计，是集休闲、娱乐于一体的现代樱花园。规划区地处三台玉星村与五柏村交界的玉星水库，城天然林自然保护区内，风景秀美。省道205横贯中央，地理位置和交通条件十分便利。

"盛世樱花"悠乐园总用地面积2513亩，用地性质以林地和旱地为主，水资源较为丰富，其中一期建设总用地为1038亩，二期建设总用地为1475亩。土地坡度高差不大，可建设情况良好。

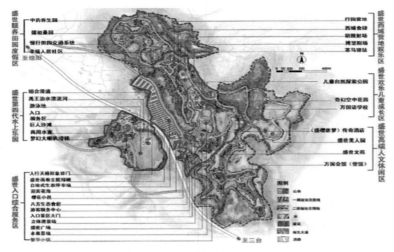

"盛世樱花"悠乐园平面布局图

5.锦绣第五元素：盛世第四代水乐园

随着国内旅游的发展，各种新奇的旅游时尚产品不断出现，更是把亲水儿童乐园的建设推到了一个新的高度。亲水儿童乐园，简言之，就是以水为核心载体，依赖于水下、水面以及水上的主题儿童娱乐设施，赋予具有儿童特定文化主题的公园。企业也认同修建儿童乐园。

盛世第四代水乐园位于玉星村。利用场地内的水库，开发水上乐园项目，引入第四代主题公园中科技的元素，重视游客的互动与体验，如可体验古代战船的雄伟、大禹治水的智慧、大海沙滩的细腻。

6.锦绣第六元素：财神庙

迎财神、拜财神是我国许多地方的一个民间习俗。我国许多地方建有财神庙。三台县高棚村（现高棚村委会旁）就有一座财神庙。

7.锦绣第七元素：农耕文化博览区

农耕文化博览区位于高鹏村五社与五柏村三社交界处，由天适集团设计打造。农耕文化博览区主打农耕民俗。景区南部农户众多，高压线纵横，不适合大规模的建设。针对四处凹地，分别植上四季彩林。一片树林一个主题，一片农田一个特色。将农耕文化与民俗科普、户外活动相结合，开发一个老少皆宜的可以进行田园户外活动的好地方。

　　8.锦绣第八元素：民俗农庄

　　在高棚村，挖掘、转化各种民俗资源，打造民俗农庄。在农庄里，以"福、禄、寿、喜、财"展现祈祷和祝福的民俗文化，以二十四节气展现农耕文明和民间习俗。

（五）旅游环线建设

　　本次旅游环线规划共涉及3个村，分别是玉星村、五柏村、高棚村。现有道路约3米宽，规划期内扩建至行车道路5.5米，加路肩绿化带共13米宽。绿化带里种植四季常青果树，树下种植麦冬等常绿植物，在提升美观的同时也带来一定的经济效益。丘陵地区道路涉及玉星村、五柏村、高棚村3个村，现有道路宽度为4米。

旅游环线示意图

（六）旅游环线标识系统建设

　　标识系统具有交通导向和旅游指示的作用，其制作应结合当地自然环境特点、历史文化内涵和乡村旅游的特色，采用传统、质朴、乡趣的形式，力求兼具文化性、艺术性和高品位，创造多样有序、充满活力的旅游空间。应分类别对标识系统进行统一设计。旅游标识系统主要包括四个类型：旅游综合导示牌、旅游景点介绍牌、旅游指示牌、旅游警示关怀牌。

茶海花乡 国茶长卷

——雅安市成雅快速通道
中国茶海花乡产业带策划暨发展规划

（规划编制时间：2018年）

第一节　项目概况与分析

一、项目价值链分析

（一）雅安概况

1.地理交通

雅安位于长江上游、川藏、川滇公路交会处，居于四川省行政版图的中心位置；处于成渝经济区、攀西战略资源创新开发试验区、川西北经济区"三区融合"的交会点；地处国道318和108线交会处，现有成雅、邛名两条高速公路连接成都。雅康高速已通车，峨汉、成雅快速通道也已正式动工。

2.城市名片

雅安是国家级生态示范区，拥有以大熊猫世界自然遗产和世界采茶文化发源地为代表的国际生态品牌。城市名片为"熊猫家源、世界茶源"。

3.天气气候

雅安森林覆盖率64.79%，居全省第一；空气质量为国家一级；出境断面水质国家二类；年均气温14~19摄氏度；平均降雨量1800毫米。这里气候宜人，空气清新，生态优势明显，有"天然氧吧""天府之肺"之称。

4.经济收入

2017年全市实现地区生产总值602.77亿元，比上年增长8.0%。

全年城镇居民人均可支配收入29732元，增长8.7%。全年农村居民人均可支配收入12145元，增长9.0%。

5.指导思想

坚定走"绿而美、绿变金"的发展之路，大力推进生态环境、产业发展、基础条件、城乡建设四大工程，奋力实现"五年整体跨越七年同步小康"目标，加快建设美丽雅安、生态强市，实现现代化。

（二）名山区简介

1.行政区域

名山地处四川盆地西南边缘，东邻成都市蒲江县，南接眉山市丹棱县、洪雅县，西连雅安市雨城区，北接成都邛崃市，面积614平方公里，辖9镇11乡，192个村，17个城镇社区居民委员会，1264个村民小组，总人口27.89万，其中农业人口23.18万，城镇化率38%，是一个典型的丘陵农业县。

2.区位格局

名山扼守成都经济区、川西北经济区和攀西战略创新开发试验区"三大经济区"接合部。在成都1小时经济圈内，被列入成都市"双核共心、一城多市"网络城市群大都市区发展格局。未来，以成都为中心，名山将带动周边卫星城市群协同发展。

3.立体交通

名山区现有成雅、邛名两条高速公路连接成都，雅西高速通往攀西、云南，雅乐高速直达乐山港。正在建设的雅康高速连接康藏，成新蒲快速通道即将通达名山。正在修建的川藏铁路过境名山，预计2018年底成都至雅安段建成通车。

4.生态资源

名山冬无严寒，夏无酷暑，雨量充沛，终年温暖湿润，水质量和空气质量较好。森林覆盖率52%，是名副其实的"绿色世界""天然氧吧""生态乐园"。

5.文化禀赋

名山是"南方丝路"的主要通道和"茶马古道"的起点。"扬子江心水，蒙山顶上茶"，蒙山茶文化底蕴深厚，川西民俗文化独具特色，二万五千里长征播撒的革命精神和红色文化弥足珍贵。

（三）名山区产业现状

1.农业产业

2017年，全区茶园面积35.2万亩，茶叶总产量4.92万吨，综合产值58亿元。茶叶带动农民增收占比达60%以上。茶叶产量产值、良种化率、机械化率、良种茶苗繁育率稳居行业前茅。

2.工业产业

名山全区农产品加工企业主要为茶叶加工企业。截至2016年，全区拥有注册茶叶企业1700余家，其中省龙头企业12家、市级龙头企业14家，区级龙头企业4家，实现茶叶加工产值23.7亿元。12家企业35个系列产品获无公害农产品认证，4家企业28个产品获得国家绿色食品认证，2家企业15个系列产品获有机茶认证，82家企业已取得国家食品质量安全QS认证。

3.旅游休闲业

茶旅融合发展不断深化，大力推进生态茶产业文化旅游经济带提质扩面。"茶中有花、花香茶海、色彩纷呈、四季辉映"特色旅游景观基本形成，围绕"养眼、养身、养心、养性"，发展茶修康养产业。2017年共接待游客452万人次，较上年增长32.2%；旅游综合收入38.13亿元，较上年增长36.18%。

4.同农民建立利益联结及带动农户情况

名山区通过专业大户、农业专业合作社、经营性农业合作组织、家庭农场、龙头企业建设联动市场，方式如下：

1）采用农民委托代建、统一运营模式，政府给予建房补贴。度假院落建成后，产权归农户所有，返租给运营商，由运营商统一装修，统一运营。返租协议在签订委托协议时一并签订。

2）农民专业合作社与茶农及成都茶叶销售公司签订购销合同时，先付定金。第二年春茶上市时由采购方上门收茶，采茶方要保障质量和数量。这种模式已带动1206户老百姓致富。

3）茶农个体销售。已有300多户农民自发到城里销售茶叶。

（四）项目区域概况

成雅快速通道自成都蒲江延伸直达雅安，从名山东北向西南方向贯穿，途经近10个乡镇，影响和辐射名山约60%地域及经开区部分区域的人口。

目前，雅安成雅快速通道沿线区域，大多数乡镇以茶产业或现代新兴产业为核心，少数乡镇是以其他传统农业产业为原有支撑业态，亟须进行产业创新与升级。

（五）价值链体系分析

主题价值。"国茶长卷"中国茶海花乡是项目策划暨规划的主题，"以产兴村、产村相融"的新型产村形态是要达到的最终目标。

区位价值。成（都）雅（安）快速通道是与成都同城化的且零收费的交通主干线，未来产业示范及辐射效果显著。

文化价值。项目地有名人川剧变脸第一人李兰庭，还有四川省级文物保护单位水月寺、金刚寺及吴之英故居等，文化资源丰富，文化的经济价值也是值得开发的。

产业价值。项目地是全国产业融合示范区、全国茶苗第一乡。可利用区域资源优势，依托龙头企业和重点项目，充分发挥本地生产要素的作用，带动和促进成雅快速通道现代农业发展。

生态价值。项目地拥有得天独厚的生态环境（名山上的茶山梯地是最美的大地指纹），差异化的旅游资源可以带动若干产业链的共同发展。

二、项目发展环境分析

（一）项目SWOT分析

1.项目优势

地理资源禀赋优良，地形地貌丰富多彩。区位优势凸显，可对接成都经济圈。地域历史文化厚重，文化资源丰富多样。有较强的产业基础，已实现产业差异化布局。

2.项目劣势

商业化底子薄，市场吸引力弱。产业缺乏龙头带动，结构待优化。缺乏标志性景点或旅游项目，区域品牌形象不成熟。场镇配套滞后，导致"吸客难、留客难、产出低"。

3.项目规划发展挑战

服务理念欠缺，现代型农业人才不足。大成都外围圈层整体发展速度较快，竞争态势提高。现代农业集约化和规模化基础不够，短期内难以做大做强。邻县，如蒲江、邛崃，对旅游资源和商业资源的流入有所截留。

4.项目规划发展机遇

雅安市委、市政府"东进融入"战略对本项目的规划发展指明了方向。"雨名飞"同城化深入推进，名山作为前站可率先融入成都经济区。

承接1570万人口级"国家中心城市"——成都的产业与人口转移（成都的发展，会使其产业、人口输向周边城市），成雅快速通道沿线正是成都发展的延展区域。

（二）四川省川西南地区产业对比分析

川西南地区产业对比分析

对比区域	主要特色产业类型或代表项目
成都新津	梨花溪（3月梨花观光为主）；杜鹃花（花舞人间景区）；老君山（道教文化）。
成都蒲江	三大湖（石象湖、朝阳湖、长滩湖）；樱桃山风景区；猕猴桃产业；蒲江雀舌（地理标志产品）。
成都邛崃	中国最大白酒原产地；川西竹海旅游区（平乐、天台山）；南宝山、临邛古城。
眉山彭山	中国长寿之乡；彭祖山（养生文化）；葡萄节（观音镇果园村葡萄园）。
眉山仁寿	黑龙潭风景区（洲际酒店等）；柑橘种植、枇杷种植、梨种植；叠彩花卉园；青花椒产业。
眉山洪雅	四川有机产品认证示范县，四川唯一一个中国生态文明奖获得县；七里坪、柳江；藤椒产业。

对比区域	主要特色产业类型或代表项目
眉山丹棱	中国橘橙之乡；中国民间艺术（唢呐）之乡。
雅安名山	中国绿茶第一区，国家茶叶公园，中国茶都，世界茶源；蒙顶山；中国至美茶园绿道；等等。

以上产业对比分析项目对比表明，对于雅安名山而言，茶就是本地的差异化存在，就是竞争力的显现，就是带动其他产业发展的根本和依存。

以"茶"为核心，以"国茶"为长卷，衍生和发展相关的茶旅、康养、加工、商贸、文化等产业，正是项目地所谋的可持续发展之路。

第二节　项目发展构想

一、项目总体发展思路

"国茶长卷"中国茶海花乡产业带总体发展思路可概括为20个字：差异定位、秉持生态、留住乡愁、文化为魂、整合发展。

差异定位：茶海花乡产业带定位要区别于名山区和经开区其他区域，产业带内部各组团或园区间发展方向与功能也要互相错位，各自有鲜明的主题，相互间尽量规避重复。

秉持生态："绿水青山就是金山银山"，生态是千年发展大计和生存大计，更是茶海花乡产业带发展应遵循的法则。

留住乡愁：乡愁是内心深处最柔软的一块净土。我们在留住初始形态乡愁的同时，再以创新精神使乡村的发展与时俱进，使乡愁既不失乡土的本真与原味，又嵌入新时代的发展轨迹。我们留住的乡愁是经得住长久恋想的，是在惊叹发展面貌的同时能咀嚼出浓浓乡味的"爱"。

文化为魂："文化的复兴标志着国家的复兴"。民族文化是我们的本，我们的源，我们要传承并发扬光大。项目区域内有丰富的民俗文化，还有名人、文物资源，这是项目区域地难得的文化底蕴。国茶文化更是一张亮丽的文化名片。

整合发展：任何一个园区或组团的发展都应坚持以点连线、以线带面的思路；要有重点项目和拳头项目，同时还要发展其他配套或辅助项目，实现整合发展。

二、项目发展定位

1.项目发展主题定位

项目发展主题定位是：天府黄金通途，国茶文旅典范。振兴乡村样板，情感记忆原乡。

成雅快速通道，绕过收费的高速路，节约人们的交通成本，从完全意义上突破成雅两地之间的交通瓶颈，名山全面担当成雅两大经济圈的连接带作用。更多"藏在深山人未识"的自然美景，更多记忆中的乡愁和茶海花乡，更多沉淀在岁月中的悠远故事和人文情怀，以"国茶长卷"为载体，生动地展现给世人。

2.项目总定位

项目总定位是"国茶长卷"茶海花乡。

国茶

四川省雅安名山是"国家茶叶公园""中国茶都""全国茶叶融合示范区""全国茶叶种植第二大基地"，被誉为"国茶历史、国茶美学、国茶引领、国茶文化、国茶飘香"。本次项目的开发要珍惜"国茶"的荣誉称号，并实现它的人文价值和经济价值。

长卷

茶祖吴理真，西汉严道（四川省雅安名山区）人，号甘露道人，道家学派人物，先后主持蒙顶山各观院。吴理真被认为是中国乃至世界有明确文字记载最早的种茶人，被称为蒙顶山茶祖、茶道大师。他在蒙顶五峰之间首创人工植茶之先河。唐天宝年间至清朝末年，蒙顶山茶入贡皇室从未间断。悠久厚重的茶文化史源远流长。从名山区的茅河乡入口，进入"中国茶苗第一县"，再从茅河至红星、百丈俯瞰茶叶低碳工业园区，继续延伸至解放、新店区域，在此"长卷"中，游客能感受茶旅融合发展的现代田园风情，还有充满诗情画意的渔、樵、耕、读。

茶海

产业带里，连绵的茶浪起伏有致，犹如大海里的碧波，形成一幅别有韵味的"茶海山居图"。

花乡

来到茅河、解放、前进，可感受田园花景；来到红星、车岭、永兴，可体验名山茶饮。这里商贾云集，有特色品茗，有特色茶餐，可体验茶香民宿。游客可在此观赏至美大道、牛碾坪、清漪湖、大地指纹（中国最美摄影茶叶茶地）、龙洞沟原生态景区，还可从名山游至永兴，欣赏竹艺、竹编、竹画等。

整个产业带犹如一条黄金彩带，绵延名山100公里，形成一幅茶海花乡美丽长卷。

三、项目发展形象架构

项目发展形象架构：一条产业带，五大主题园。大园套小园，项目带项目。

"一条产业带"，即名山区成雅快速通道"国茶长卷"中国茶海花乡产业带，由名山茅河乡至经开区永兴镇，从东北往西南。"五大主题园"，即依地理顺序依次规划布局五大主题园：国家级良种茶苗繁育园、现代农业加工园、茶业融合发展示范园、特色果蔬产业园、都市农业产业园。这些主题园中大园套小园，形成项目带项目的良好发展效应。

四、项目总体布局

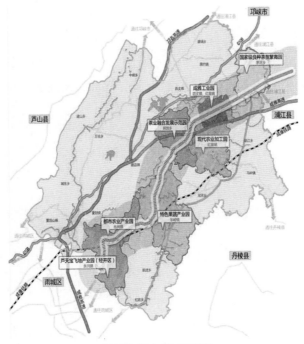

项目空间布局示意图

项目空间布局即"一带五园"："一带"为成雅快速通道（"国茶长卷"产业带），"五园"为国家级良种茶苗繁育园、现代农业加工园、茶业融合发展示范园、特色果蔬产业园、都市农业产业园。

第三节　项目发展规划

一、国家级良种茶苗繁育园

（一）地理范围

国家级良种茶苗繁育园主要位于名山区茅河乡、中锋乡境内，辐射黑竹镇、联江乡。

（二）区域定位

将国家级良种茶苗繁育园打造成"天府之国水韵茶乡"。以国家优质茶苗基地为核心，结合临溪河等水资源体系，打造天府之国水韵茶乡。同时引入主题花果种植，提升区域医疗教育配套水准，创建成雅快速上的高规格"会客厅"。

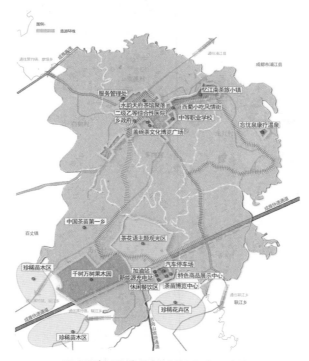

国家级良种茶苗繁育园产业示意图

（三）项目构成

1.中国茶苗第一县

项目地位于茅河乡香水村、万山村境内，共约4000亩。

经过多年发展，茅河乡、中峰乡、黑竹镇、联江乡成功摘得"中国茶苗第一县"之桂冠，名山茶享誉世界，离不开茅河乡的优质茶苗。项目地的发展效应也会辐射联江乡。

2."忆江南"茶旅小镇

"忆江南"茶旅小镇选址茅河乡新场镇，临溪河畔，共约1000亩用地，离成雅快速通道1.5公里。"忆江南"主要涵盖的子项目如下。

（1）水韵天府茶馆聚落

传统市井味道的茶馆除了有一种怀旧的情怀，也彰显了天府之国闲适恬淡的人文风情。水韵天府茶馆聚落正是关照了人们已有或正在追寻的这种情怀。

沿临溪河布局茶馆聚落，精巧规划茶馆、民宿等，将喝茶、休闲、养生、养心相结合。

（2）中国盖碗茶文化博览广场

四川等地传统的饮茶风俗，也称"三才碗"，盖为天，托为地，碗为人。相传其由唐代西川节度使崔宁之女在成都发明，后影响全国乃至清代皇宫。

在"忆江南"茶旅小镇内，紧邻茶馆聚落，规划中国盖碗茶文化博览广场，充分采用本土文化元素，并将其打造为"茅河乡3·28坝坝会民俗文化节"的会址。

茅河乡3·28坝坝会相传源于明末清初湖广填川时，渐渐发展成为庙会，并由白鹤山扩展至河坝，后演变为农商物资交易会场。其中有个戏台后来拆迁至茅河街。如今，茅河迎来前所未有的发展机遇，坝坝会正是一张闪亮的地方民俗名片。

（3）西蜀小吃风情街

吃在四川，味在西蜀。小吃街，留住食客的嘴，就留住了他们的脚步。西蜀小吃风情街可与成都饮食公司合作，引入包括钟水饺、龙抄手、夫妻肺片、担担面等成都名小吃。同时，将名山本地的水豆花、腐乳煎蛋、蔡鸭子等名小吃也纳入其中，让小吃风情街充满西蜀的味道，让吃过的人都能想起舌尖上的名山、味蕾上的茶香。

3.茶旅休闲驿站

茶旅休闲驿站选址在万山村，区域扩展50亩，作为区域旅游的休闲与接待中心，同时也是茅河特产、地方特色风情亮丽的展示平台。驿站设有加油站、新能源充电站、茶苗博览中心、特色产品展示中心、停车场，以及咖啡厅、茶吧等休闲场所。

4."千树万树"果木园

"千树万树"果木园的规划地可选茅河乡万山村、香水村，联江乡选两个村，中峰乡选两个村，黑竹镇选一个村，共3500亩。

"千树万树"果木园可为"中国茶苗第一县"增加观光看点，同时也可为农民增加收入。

果木园中种植耙耙柑1750亩、珍稀苗木1750亩。

5."茶花语"主题观光区

"茶花语"主题观光区位于茅河乡万山村、香水村，联江乡选两个村，沿成雅快速通道，共1500亩。观光区发展效应会辐射周边联江乡。

花与茶搭配种植，让茶香与花香"香"得益彰，让茶海与花海浪漫融合。采用花、茶互嵌种植模式，如绿茶+黄茶+紫鹃+紫薇。

6."忘忧泉"康疗温泉

"忘忧泉"康疗温泉距茅河场镇1.5公里，120亩（含27亩国有建设用地和周边流转花果及茶地）。该地块已有省国土资源厅泉水探水证书，可打造主题丰富的温泉汤池群（天然矿物质温泉、茶叶温泉等）、SPA、温泉酒店等。

7.中等职业学校

中等职业学校选址茅河乡新场镇区域，规划160亩。

该中等职业学校旨在为茅河、名山甚至雅安培养高素质的包括茶叶精深加工、茶艺茶道、旅游与酒店管理、养老服务等各类技术人才，助力于大区域经济和产业的转型升级。同时，学校还可作为现代农民职业化的培训基地。

8.二级乙等综合医院

携手高级别的大医院，对茅河乡医院进行改造升级，打造二级乙等综合医院，为人民提供更好的医疗服务。

（四）建设进度规划

各项目建设进度规划

时间周期	2018—2020年	2021—2023年
主要项目	中国茶苗第一乡	中国盖碗茶文化博览广场
	水韵天府茶馆聚落	西蜀小吃风情街
	茶旅休闲驿站	"千树万树"果木园
	"茶花语"主体观光	"忘忧泉"康疗温泉
	中等职业学校	二级乙等综合医院

二、现代农业加工园

（一）地理范围

现代农业加工园主要位于名山区百丈镇境内，发展效应辐射红星镇、马岭镇。

（二）区域定位

现代农业加工园与已有的成雅工业园都是低碳加工产业新镇。

以农产品的现代化加工产业为主，推行"低碳化、绿色化、科技化、集约化"生产，与成雅工业园一起形成"双园并进"的区域产业格局，引擎区域经济，辐射周边发展；同时区域内配套农家乐、康养胜地等，满足休闲、旅游、度假等多样化需求。

（三）项目构成

1.太平场商贸集散中心

太平场商贸集散中心位于红星场镇，成雅快速旁，规模约50亩。

商贸集散中心重点打造一个茶业贸易、场镇型集中商业、配套餐饮休闲、新兴城镇文化教育、居住服务、金融服务等一系列城市生产、生活配套服务的区域中心，辐射包括双河、马岭、联江、百丈等在内的乡镇。

2. 月儿潭心灵疗愈地

月儿潭心灵疗愈地选址红星镇太平村月儿潭一带，规模涵盖湖区及配套区共300亩。

心灵疗愈地将依托月儿潭的自然景观优势，采用"主题养心+健康养生"模式，打造以心灵疗愈为中心主旨的康养休闲之地。具体将规划瑜伽主题民宿、瑜伽馆、养生中心等。

3. 星级农家乐集群

围绕上马村、太平村、龚店村建设8~10家农家乐，形成星级农家乐集群。作为区域的旅游配套补充，时尚、个性的精品农家乐却不失区域风俗和独特乡土文化。

4. 猕猴桃果酒庄园

猕猴桃果酒庄园选址华光村，规模1000亩。

依托既有的猕猴桃基地的产业布局优势，开发挖掘、实施优势转换，加大文创开发，建设果酒品酿中心，打造果酒主题庄园，提高产品经济附加值。

5. 场镇交通环线

因红星场镇商贸发达而致场镇交通堵塞，拟沿场镇外围新规划建设交通干道，预计规划1.4公里，将过境交通引流自环镇路运行，缓解现有交通压力。同时，通过环镇路建设，实现场镇产业升级。

各项目建设进度规划

时间周期	2018—2020年	2021—2023年
主要项目	太平场商贸集散中心	月儿潭心灵疗愈地
	茶叶低碳加工示范区	猕猴桃果酒庄园
	星级农家乐集群（一期）	星级农家乐集群（二期）
	场镇交通环线	

三、茶业融合发展示范园

（一）地理范围

茶业融合发展示范园主要位于名山区解放乡境内，辐射新店镇、双河乡。

（二）区域定位

茶业融合发展示范园将打造成"区域旅游集散地"。

以月亮湖景区为核心，重点打造"中国茶海花乡"之"花乡"。以湖滨旅居、农耕文化、健康养生为主题，以民宿体验、观光游乐、农家休闲、健康消费等为形式，建设既具备鲜明地域特色同时展现美丽花乡画卷的示范区。

（三）项目构成

1.天府花乡

天府花乡选址解放乡瓦子村、高岗村、银木村、吴岗村、月岗村，中期规划10000亩。

通过规划，花乡四季有花可赏：桃花、梨花、李花、樱花（2—4月），峨眉含笑（4—5月），玫瑰花（5—6月），芍药花（5—6月，可药用），木兰花（6—7月），紫薇花（6—9月），桂花（9—10月），山茶花（12月—次年3月）。

2.渔樵耕读农垦公园

渔樵耕读农垦公园选址解放乡吴岗村、银木村，规模约3000亩。农垦公园开发新的农村发展引擎，丰富乡村振兴的发展之路。

田园主题观光区：分花卉主题、珍禽主题、茶事主题等。

小型游乐场序列：相对分散布置游乐设备，利于人群分流。

乡村文化休闲区：含渔、樵、耕、读四大功能区等。

农家乐集群：集中化布局，差异化发展，协会化管理。

各种艺术协会群：将各种艺术协会引入该项目，并常年组织开展各种艺术活动，永葆协会的生命力，让文艺服务于大众、助力于乡村振兴。

3.月亮湖爱情主题度假区

月亮湖爱情主题度假区选址银木村，规模约1500亩。度假区以主题民宿为引领，以婚纱摄影、康养休闲为主要构成，是集户外观光、民宿体验等于一体的大型度假聚落。

（1）老屋民宿和林盘

老屋民宿规划以庭院为主要形式，其建筑材料为木材与石材相结合，注重功能与环保并重，造型简洁美观。装置艺术以凸显农村生活和乡土风情为主，彰显时空效果，供游人赏看。

川西林盘注重生态结构与功能的平衡、稳定。林盘内，竹子、乔木、灌木、稻田等构成具有垂直空间梯度的生态结构。

（2）婚纱摄影基地

以湖光、民宿、茶园等为外景，构建婚纱摄影基地，主打生态风。

（3）月亮湖管理处民宿

在亲水湖畔布置巴厘岛风情民宿（具体风情可根据实际情况调整），使用木质材料及茅草顶，布置小型泳池及亲水平台，充分体现浪漫休闲的南洋风情。在水域开阔的地方，以棕榈树及热带灌木等热带风情植物为绿化树，营建绿化景观，美化环境。

（4）康养小镇

充分利用区域生态资源，引资开发项目，建设茶乡小镇。小镇的开发以康养为主题，将健康、养生、养老、休闲、旅游等多元化功能融为一体，打造特色康养小镇。

4.川剧主题游客休闲驿站

川剧主题游客休闲驿站选址解放场镇，成雅快速旁，规模约50亩。

川剧被公认为最能代表川渝文化的著名符号之一，变脸则被誉为川剧的绝活之一。川剧变脸绝艺的源头便可追溯至解放乡人李兰庭。追本溯源，名山区解放乡文化底蕴深厚。将川剧著名的变脸、脸谱、桥段等艺术元素经过精心设计，植入游客集散中心的装饰陈设处，引起游客的关注与驻足。

5.旅游休闲驿站

旅游休闲驿站选址在场镇旁，原中学面积60亩，场镇再扩展60亩，共计120亩。此地作为区域旅游的休闲与接待中心，同时也是竹艺竹编的展示平台。其中有竹艺竹编展示中心、特色商品展示中心、茶叶精品展示中心。

四、特色果蔬产业园

（一）地理范围

特色果蔬产业园选址主要在名山区车岭镇，并与前进乡的物流园形成互动关联，辐射新店镇。

（二）区域定位

特色果蔬产业园的区域定位是"区域商贸大镇"。

项目立足区域商贸大镇的现实基础和丰富历史文化的优势，有个性地、针对性地发展特色产业经济，打造集商业贸易、特色文旅、有机农业于一体的复合产业体系；同时发挥区域交通优势，发展壮大物流产业，"以路带富、农旅结合"，实现区域发展。

（三）项目构成

1.田园工社商贸展销中心

特色果蔬产业园选址车岭镇悔沟村，占地约200亩。

此商贸展销中心是区域农产品、名优土特产的展示中心和采购批发中心，也是休闲旅游、农业观光的示范窗口。

2.映日荷乡

映日荷乡选址车岭镇天池村，占地约1000亩，主要是打造主题鲜明的

"荷花经济"。

荷塘接天莲叶无穷碧，是休闲度假、避暑纳凉、采风摄影的理想地方。

3. 旅游休闲驿站

旅游休闲驿站选址车岭镇悔沟村、天池村一带，占地约200亩。主要为往来车辆提供能源补充、维修检测，为随车人员提供短期休整、餐饮供给等服务。驿站中还设有汽车4S店、果品展示中心、名小吃展示中心、按摩休闲吧。

4. 十里飘香果蔬基地

十里飘香果蔬基地有两个区域：水果区、蔬菜区。

水果区：以脆红李为主其他水果为辅，主要分布于车岭镇桥路、天池、悔沟、五花、金刚等5村。主要将其打造成集观光、采摘体验为主的果园经济。

蔬菜区：主要分布于车岭镇中居村、岱宗村，是雅安城区日常蔬菜主要供应地之一。

5. 有机农场

有机农场选址车岭镇石堰村一带，约占地300亩。主要为产业带和雅安主城区的旅游度假人群提供有机食材。农场主要养殖跑山鸡、黑猪（香猪）等畜禽，同时种植部分有机蔬菜。

有机农场和果蔬基地的蔬菜区可规划在同一区域，以方便资源的最大化循环利用。

6. 禅意莲花康养旅游小环线

结合莲花湖自然生态和车岭的佛教文化，以禅意莲花为主题概念，将多个特色的项目有机整合，形成相互补充的态势，既形成完善的休闲体验链，又要提高每个项目的经济效益。

（1）莲花湖主题度假区

莲花湖湖面约130亩，四周茶山围合，从天空俯瞰形似一朵莲花，利于规划民宿、康养等休闲度假项目。可结合外围土地，打造大中型康养度假区。莲花湖主题度假区距成雅快速仅约300米，交通方便。

（2）省级保护文物大集合

将三个知名的景点（水月寺、金刚寺、吴之英故居）连成一条"保护文物观光线"，既丰富了游览看点，又有利于景点串联后形成联动的影响力。

车岭镇寨子山庙会是车岭镇辖区内由来已久的民间传统活动。以"寨子山居（山地主题民宿）+石城庙会（传统民俗）"为两大支撑点，整合开发。

7.雅安物流园

雅安物流园已规划于前进乡境内。它以前进乡成康铁路货运站为中心，依托成雅快速通道交通优势，构建交通物流集散中心园区，联通区域内外商品流通、生产要素流通、劳务贸易往来，改善区域投资环境、产业发展环境，并提高区域竞争力，促进区域经济发展。

其子项目有装卸搬运区、智慧停车场、仓储功能区、配送功能区、大数据物联网中心、综合服务区、延镇河野生垂钓基地、龙洞沟旅游区。

目前，河段已是雅安城区市民周末闲暇的垂钓地之一。以此为基础，通过举办四川或全国性的野生垂钓大赛，将其打造成著名的河流野钓地。同时，可配套发展相应的民宿、农家舍。该河流垂钓带还可延展至红岩乡境内。

新店镇白马村、山河村、中坝村距离成雅快速通道200~300米，可带动的区域包括阳坪、古城、兴安三个村，面积约15000亩，其中山林面积约9500亩。项目内原始森林植被丰富，适合建成以茶康养、住生态民宿的旅游观光地。

五、都市农业产业园

（一）地理范围

都市农业产业园主要位于经开区永兴镇境内，辐射红岩乡。

（二）区域定位

都市农业产业园区域定位为"三足鼎立之镇"。

永兴镇与雨城区、名山主城区呈三足之势，以此地理格局为基础，充分利用永兴镇作为雅安经开区核心发展区域，积极发展都市康养休闲项目和乡村旅游配套体验项目。项目的开发要与现有产业园区形成差异化补充，达到振兴永兴镇短板区域经济的目的。具体而言，将结合该区域自然条件，重点发展特色农业经济作物、农村休闲旅游、文化景观等新型业态。

（三）项目构成

都市农业产业园包括芦天宝飞地产业园、猫跳湖环城康养中心、都市农业示范区、儿童撒野乐园等4个子项目。

1. 芦天宝飞地产业园

永兴镇大部分区域是经开区的核心，规划建设面积45.93平方公里，建立了飞地园区共管、共建、共享、统一招商的管理体制和利益联结机制，异地支持芦山、天全、宝兴等灾区经济发展和群众奔康致富，规划科学，发展态势良好。

2. 猫跳湖环城康养中心

猫跳湖环城康养中心选址永兴镇沿河村，含湖面及配套共占地500亩。

立足湖泊自然生态优势，以"渔"为核心，开发打造具有鲜明特色的休闲、健康、旅居体验地，如小渔郁渔家乐、子非鱼主题民宿。小渔郁渔家乐是以"全鱼宴"为主题的特色餐厅。子非鱼主题民宿，挖掘渔文化，打造差异化都市民宿。

3. 都市农业示范区

都市农业示范区选址永兴镇金桥、笔山、马头岗村。其子项目有：

藤椒基地：以马头岗村为主，因地制宜发展经济作物藤椒，提高农民收入。

竹艺、竹编艺术长廊：选址成雅快速通道沿线，挖掘竹艺、竹编文化，注重区域资源与文化经济的开发利用，并辐射前进乡、红岩乡。

水果采摘基地：水果采摘不同于水果销售，它实现了差异化、多样化的经济发展形式。

蔬菜种植基地：是城市人的菜篮子，更是村民的钱袋子。

4.儿童撒野乐园

儿童撒野乐园选址永兴金桥、笔山、马头岗村，占地500亩。其子项目有：

户外探险：有丛林穿越、户外攀岩、野外露营等。

新奇道具：有小火车、海盗船、蘑菇屋、小人屋、绿色大象等。

动漫主题：有动漫角色扮演、场景模拟等。

拓展基地：中小学生课外生存训练基地。

太和布谷　宜居乡村

——成都市天府新区乡村振兴
太和布谷之家策划暨发展规划

（规划编制时间：2019年）

第一节　项目概况

一、项目规划内容

（一）项目名称及规划理念

此项目的名称是乡村振兴"太和布谷之家"。项目规划年限为2019—2022年，以"太和"＋"布谷之家"两个子项目促进村民增收、带动乡村发展。项目的策划与发展认真落实四川省大力实施乡村振兴战略，坚持"绿水青山就是金山银山，彰显特色、留住乡愁，分类指导、分层建设，农民主体、共建共享"原则，遵从"美丽四川·宜居乡村"发展思路和"乡村振兴、产业融合"战略构想，通过产业、文化、旅游、民宿的融合发展，增加村民收入，促进农村建设，提升村容村貌，构建人与自然和谐共生的宜居、美丽乡村。

（二）项目规划的地理位置及区位分析

项目规划地为四川省成都市天府新区正兴街道官塘村，规划面积约217347.62平方米（约326.02亩）。

正兴街道官塘村现状图

1.官塘村区位格局

官塘村位于天府新区正兴南端，南与煎茶镇接壤，西与永安镇相邻，北与钓鱼嘴、火石岩相邻，东临凉风顶村。官塘村面积约6.4平方公里，耕地面积约有5030亩，退耕还林地和天然林地约有2100亩。养殖鱼塘约160个，面积共约1028亩。有水库一座，面积约48亩，蓄水量约32万立方米。农户1300多户，务工人口1300多人，人口4000多人。

官塘村位于天府新区直辖区，毛家湾森林公园内，也是三城之一的"西部博览城"的配套功能区，属于天府新区核心区域之一，是未来天府新区重要的自然资源、休闲旅游、会展配套的集中区域，区位优势明显。

官塘村被列为成都市近郊现代农业示范园区、新农村建设示范村、"一村一品"水产养殖示范村，成立有泥鳅养殖、青脚鸡养殖、肉鸭养殖、粒粒香有机水稻种植、兴旺秸秆加工等五个专业合作社，集体经济发展状况良好。官塘村又由于自然风光较好，之前旅游方面收入也逐年升高，此次项目开发中将会在保护生态的基础上升级对旅游产业的开发。

项目区位图

项目卫星图

2. 官塘村历史文化

官塘村所在的天府新区的正兴街道有着悠久的历史文化。《成都农村概要》里对其这样描述：正兴镇，旧名苏码头，始建于清朝初年，清末民初属华阳县第四区。历史上的苏码头是商贾云集之地，是繁荣、兴旺的水路码头。早在20世纪30年代初，中共地下党组织就在正兴建立了"仁华支部"，是仁寿、华阳、彭山三县地下党活动的重要场所，因此官塘村有"红色乡村"之称。

这里有两处特色的建筑，一处是夏公馆，据说夏正寅在这里居住长达十年。1932年夏正寅、夏育群移居到苏码头，从此，积极主动支持共产党。在新中国成立前的20多年中，先后掩护、资助共产党人达数十人，成为共产党的忠诚朋友，也帮助党组织建立了"红色乡村苏码头"。1949年后，夏正寅先生的故居曾被用作农业银行的营业所。90年代初，农行营业所将房屋卖给胡贵平，现为胡贵平的私人住所。

还有一处老民居——冯家院子，旧址位于正兴镇回龙村四组。冯家院子的主人，是冯巨源和冯纪全两兄弟，被双流地下党同志亲切地称呼为冯二伯和冯四爸。冯巨源是夏正寅的胞弟夏育群的岳父。

这里还是宋代大诗人郭印辞官隐居的地方。

郭印，四川成都天府新区正兴人，字信可，晚号亦乐居士、郭绛子。宋徽宗政和年间进士，任仁寿、铜梁等地县令，左朝清大夫等。宋高宗绍兴十八年（公元1148年），以任永康军通判时牒试避亲、举人不当降一官。终刺史，年八十余卒。他性嗜山水，工诗，与曾慥、计有功、蒲瀛（字大受）、冯时行、何耕道等交游甚密，诗存七百余首。《四库全书总目》称"其诗才地稍弱，未能自出机杼，而清词隽语，瓣香实在眉山"。佳作有《舟中遇雨》《归云溪》等，著有《云溪集》十二卷传世。

郭印辞官隐居的地方，称为"郭信可隐居"，楼台别墅在此星罗棋布，宋明以来，文人骚客留下的诗文不少。

3.官塘村生态状况

气候：属丘陵地带，亚热带温润季风气候区，季风气候明显。

气温：全村气候温和，四季分明。年最高温度30摄氏度，年最低温度3摄氏度。年平均气温17.1摄氏度。年四季平均气温：春季9~17摄氏度、夏季20~28摄氏度、秋季19~25摄氏度、冬季6~12摄氏度。

降水：雨量充沛，年降水量976毫米，多集中于夏秋两季，冬季少有降雪。

无霜期：无霜期长。

日照：年日照时数1242小时。

风向：常年主导风向为东北风。

灾害：自然灾害有旱灾和雹灾等，无地震史。

水系：村内有老南干渠由北向南从村域西面蜿蜒流过，全村地下水资源丰富，并建有蓄水池（塘）68口，农业用水和村民生活用水有充足保障。

植被：村域范围内植被繁茂，环境优美。

二、项目地的交通优势

（一）航空网络——具有全球通达性

两大国际空港叠加，使项目地的航空网络具有全球通达性。项目地处西博城，位于成都两大国际空港经济区的中心。加强与两大机场之间的互动联系，有利于将项目打造成为国际会展产业聚集的旅游地。

项目航空网络图

（二）轨道交通网络——具有大成都区域快速通达性

项目地的高铁与轨道交通可以联动互补，这使项目地具有大成都区域快速通达性。地铁有12号线、21号线、26号线。项目地距离成绵乐城际铁路站点约18分钟。

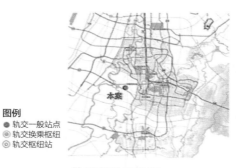

轨道交通网络图

（三）多条道路连接，具有小区域通达性

项目地处于多条快速路交会的黄金地带。项目地位于科学城中路，距离益州大道3分钟车程，距离天府大道10分钟车程，距离兴隆湖、会展中心约15分钟车程。多条道路连接，利于发展会展后方区域的文化休闲产业，以及与成都市区及其他区县的互联互通。

小区域多条道路互通图

三、项目市场分析

一级市场。西博城、兴隆湖，以及官塘村周边1小时车程范围，可以构成一级市场。

二级市场。成都市区、天府新区、双流区及成都其他周边区县，可以构成二级市场。

三级市场。成都铁路带来的四川及全国其他省区市，由双流机场、天府国际机场带来的全国其他省区市及国际客流，可以构成三级市场。

多级市场的构成与功效叠加有利于实现项目落地后的社会效益和经济效益。

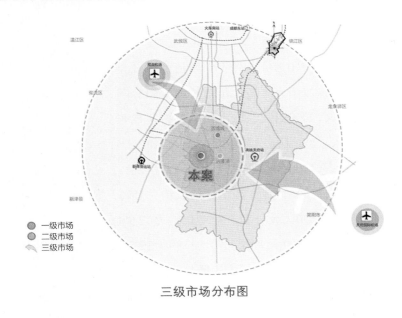

三级市场分布图

四、项目效益分析

（一）社会效益

1.拓宽村民就业途径

建成的农产品加工园区，以及休闲农业和乡村旅游服务业可以为村民提供就业机会，增加收入。

2. 村民增收

项目落地后村民增收构成主要以"工资性收入、家庭经营性收入、财产性收入、转移性收入"四种方式为主，整体收入会提高。2019年天府新区正兴街道农村经济总收入11145万元，比上一年增长12.7%。农民年人均收入为22860元，比去年增长9.9%。预计规划近期（2020年）增长至25123元，到后期（2022年）增长至30343元。

3. 促进乡村建设

通过规划、建设乡村基础设施，促进乡村污染治理，改变村容村貌，建设美丽宜居乡村。

（二）经济效益

1）农业收入：3510万元，较上年增长约为12.8%；

2）林业收入：22万元，较上年增长约为−15.4%；

3）牧业收入：2070万元，较上年增长约为12.8%；

4）渔业收入：880万元，较上年增长约为12.8%；

5）工业收入：120万元，较上年增长约为−25%；

6）建筑收入：3016万元，较上年增长约为15%；

7）运输收入：550万元，较上年增长约为12.9%；

8）商饮收入：775万元，较上年增长约为12.8%；

9）服务收入：130万元，较上年增长约为13%；

10）其他收入：72万元，较之前增长约为22%。

第二节　项目价值分析

一、项目价值体系分析

（一）主题价值

主题"太和布谷之家"以创建"以产兴村、产村相融"的新型农村形态为最终目标。乡村振兴，产业是关键。近年来，各乡镇以提升乡村产业实力为着力点，因地制宜，打造特色产业、优质产业，促进村集体和农民增收。本项目统筹布局乡村产业与美丽乡村建设，通过产业的开发带动农村的发展，以农村的发展为产业的开发提供支撑，实现产村融合发展。

（二）区位价值

国道213，益州大道，科学城西路，天府大道与地铁12、21、26号线，成绵乐城际铁路站，都为项目地带来较多人流量。会展也会给项目地带来人气与人流量。

（三）文化价值

项目的落地有利于宣传传统文化、红色文化和蚕丛等民俗文化。

（四）产业价值

项目地本是水产养殖示范村，成立有泥鳅养殖、青脚鸡养殖、肉鸭养殖、粒粒香有机水稻种植、兴旺秸秆加工等五个专业合作社。依托这些项目的建设与发展，大力发展生态观光旅游。观光休闲旅游业将逐步成为村民致富增收的一个渠道和全村经济新的增长点。

项目地拥有得天独厚的生态环境和差异化的旅游资源，可以带动若干产业链的共同发展。

二、项目价值综合小结

依托区位优势，提升旅游服务水平，重塑功能价值，承接会展后院新载体。依托空间优势，加强产业聚集，重塑产业经济地理，积极打造文化旅游新平台。依托环境优势，完善配套设施，突出"四态"（形态、业态、文态、生态）特色，使之互相强化、互相呼应，积极建设西博城的农业博览苑。依托智慧科技，创新组织服务，积极建设现代化农业。

第三节　项目SWOT分析

SWOT（态势分析法。Wtrengths〈优势〉、Weaknesses〈劣势〉、Opportunities〈机遇〉、Threats〈威胁〉）分析的理念与《孙子兵法》中的"知己知彼，百战不殆"极相似。知己是竞争力的内部条件，知彼、知天、知地是竞争力的外部条件。SWOT分析中，SW是内部条件，OT是外部条件。

一、项目优势

地理资源禀赋优良，地形地貌丰富多彩。区位优势凸显，对接西博城经济圈。有较强的农业产业基础，已实现产业差异化布局。

二、项目劣势

项目地商业化底子薄，吸引力弱。产业缺乏龙头带动，结构待优化。

缺乏成熟的旅游项目及品牌。场镇配套不完善。项目地边缘有380千伏高压线。

三、项目遇到的挑战

现代型农业人才不足。天府新区整体发展速度较快，竞争态势提高。

四、项目落地的机会

天府新区直辖区和西部博览城规划战略为天府新区指明了发展方向。西博城会展配套功能区是城市中心地位，优势明显，将带来更多的人气。

第四节　项目发展思考

一、项目发展目标

项目发展的目标是：成都公园城市宜居典范，成都文化体验"前厅"，天府新区乡村振兴示范村，四川生态旅游度假第一站。具体来说，要打造国际高新技术人才都市旅游度假休闲地：依托天府新区西博城，吸引大量国内国际高科技人才，以及会展会址所带来的社会聚集效应，项目地将会提供舒适的休闲娱乐环境。

天府新区生态旅游度假示范园区：打造天府新区都市旅游产业名片，示范园区要实现传统文化与现代旅游产业的有机结合，以旧促新，高品质、高规格，引领旅游新潮流。

国家级乡村旅游度假综合体：提倡创新旅游度假模式，实现现代旅游六要素——商、养、学、闲、情、奇，实现传统乡村旅游产业模式的提升。

二、项目发展思路

总体发展思路是"20字方针"：差异定位、秉持生态、留住乡愁、文化为魂、整合发展。

差异定位：本产业带定位既要区别于其他区域，同时产业带内各组团或园区也要互相错位，主题鲜明，尽量规避重复。

秉持生态："绿水青山就是金山银山"，生态乃千年大计，更是太和现代农业布谷之家发展必然遵守的法则。

留住乡愁：在城市化疾速前行的今天，乡愁是国人内心深处的一片温柔乡。我们留住初始形态乡愁的同时，辅以创新手法进行修葺和打造。

文化为魂："文化的复兴标志着国家的复兴"，文化不能是无源之水、无本之木，区域内丰富的民俗、宗教、名人、文物等都是文化的本底；"蚕丛"更是鲜明地亮出地方特色文化大旗。

整合发展：一个园区或组团的发展要坚持以点连线、以线带面之思路，有重点和拳头项目，同时有其他配套或辅助项目。

第五节　项目定位

一、项目定位

（一）项目主题定位

太和布谷之家——

开窗见田，推门见绿。

生态为本，文化为魂。

花旅为核，天府迎客。

绿水青山就是金山银山，绿色是天府新区建设的本色，保护好生态是天府新区发展必须恪守的基本法则。所以，本项目的开发要求"开窗见田，推门见绿"，要坚持"生态为本"的理念。优秀传统文化是一个国家、一个民族传承和发展的根本。本项目的开发要以"文化为魂"。项目策划与发展重视挖掘中华优秀传统文化的思想内涵、道德精髓、现代价值和传承理念，开发宋朝诗人郭印的隐居文化，展示本地区的革命故事、创业故事等。

我们要将项目地打造成花卉、水果种植，有机农业体验，休闲旅游融合发展的新时代农村示范地。

（二）项目总定位——太和布谷之家

1. 太和

项目地将会建有承接商务的会展，还有体验郭印文化、游览巴蜀古典建筑的地方。"太和"要呈现出来的景象是：建筑古香古色，还有丝竹绕梁。走在路间，芬芳扑鼻。花田闲游，心在花海荡漾，心情舒爽。湖中可泛起轻舟，可品茗香，可与友摆棋。种植的有机水稻，稻花香十里，稻田里还有泥鳅、黄鳝、鱼。有机水果美味健康。种植的乔木银杏、合欢、灌木、冬青、女贞为村庄增添了许多绿色。村民们的农耕细作，田间地头的自架水车，散落的游人闲步在林荫道上——田园画卷，乡土情深。

2. 布谷之家

布谷布谷，栽秧插禾。布谷鸟是提醒农事的鸟。布谷鸟 5 月从北方出发，那是北方栽水稻、小麦收获的时期。它飞到温暖南方时间在 7—8 月，正是南方水稻抽穗和成熟时期，那是农业最重要的时期。布谷鸟一叫代表着热火朝天的农事繁忙季。当游客清晨在林盘酒店中被窗外布谷鸣醒时，推窗而望，满面清新，田园美景映入眼帘。这里的整个环境让人能感受自然生态之美、宁静恬然之闲。

灵山秀水展正兴，布谷梯田绣天府。开窗见田布谷家，休闲农业体验地。山水悠然，古韵山庄，修身养性之灵地。这里可游美景，荡轻舟，尝美味；可听大自然的脉搏，赏田园之美景，看新时代乡村振兴。

二、规划布局图示

项目的规划布局为"一纵一横一环三区"。

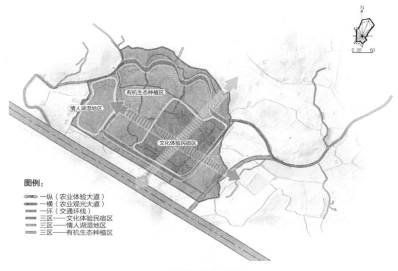

项目规划布局图

一纵：农业体验大道。

一横：农业观光大道。

一环：交通环线。

三区：文化体验民宿区、情人湖湿地区、有机生态种植区。

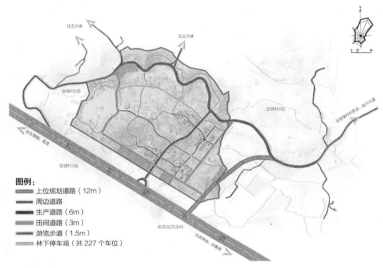

图例:
- 上位规划道路（12m）
- 周边道路
- 生产道路（6m）
- 田间道路（3m）
- 游览步道（1.5m）
- 林下停车场（共227个车位）

交通分析图（路网面积10934.4平方米）

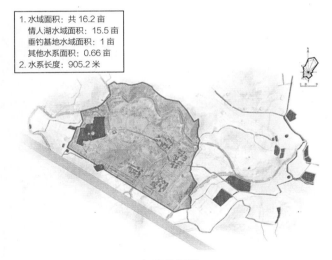

1. 水域面积：共16.2亩
　　情人湖水域面积：15.5亩
　　垂钓基地水域面积：1亩
　　其他水系面积：0.66亩
2. 水系长度：905.2米

水系分析图

文化体验民宿区
①南大门
②生态停车场
③郭印纪念馆
④布谷精品酒店
⑤精品会议厅
⑥生态餐厅

情人湖湿地地区
①休闲茶饮区
②垂钓基地
③寄情长廊、爱情锁
④情人湖
⑤婚纱摄影

有机生态种植区
①稻田艺术区
②柑橘种植采摘区
③稻——黄鳝套种区
④稻——泥鳅套种区
⑤田间花海
⑥森林临时停车区
⑦脆红李种植采摘区
⑧有机定制专属种植园
⑨水车农趣体验点
⑩东门

图例
● 文化体验民宿区
● 情人湖湿地地区
● 有机生态种植区

产业分布图

文化体验民宿区
①南大门
②生态停车场
③郭印纪念馆
④布谷精品酒店
⑤精品会议厅
⑥生态餐厅

情人湖湿地地区
①休闲茶饮区
②垂钓基地
③寄情长廊、爱情锁
④情人湖
⑤婚纱摄影

有机生态种植区
①稻田艺术区
②柑橘种植采摘区
③稻——黄鳝套种区
④稻——泥鳅套种区
⑤田间花海
⑥森林临时停车区
⑦脆红李种植采摘区
⑧有机定制专属种植园
⑨水车农趣体验点
⑩东门

图例
● 前期建设（2019 年—2021 年）
● 中期建设（2022 年—）

建设时序图

第六节　项目分类策划包装

天府新区乡村振兴"太和布谷之家"策划暨概念性规划鸟瞰图

一、有机生态种植区

（一）种植富硒有机水稻

富硒有机水稻，除留存了普通水稻的全部营养成分，还具有抗癌、防癌、保护心脏和延缓衰老、抗氧化与消除自由基、提高人体免疫力等多种特殊保健功能。因为富硒有机水稻的特殊保健功能及硒是人体必需的矿物质微量元素，加之人们对生活质量的提高，所以近年来发展迅速。官塘村可以种植富硒有机水稻，面积约174亩。

（二）官塘村土壤分析

天府新区正兴街道官塘村农田经四川省农科院水稻专家、水果专家现场勘察，土壤土质是介于沙土和黏土之间的，适宜水稻生长。因为这类土不仅肥力好，而且耕种性高，其内部水与空气之间的矛盾性并不突出，也不强烈，可以说既透气透水，又能拥有较强的抗寒性。水稻能在较长时间内稳定、高产。

（三）施肥

肥料主要来源于植物和动物的有机肥。有机肥含多种有机酸、肽类，以及包括氮、磷、钾在内的丰富营养元素，不仅能为农作物提供较全面的营养，而且肥效长，可增加和更新土壤有机质，促进微生物繁殖，改善土壤的理化性质和生物活性，是绿色食品生产的主要养分。

施肥分类：秸秆渣、青草渣等堆肥；菜籽饼、棉籽饼、豆饼、芝麻饼、蓖麻饼、茶籽饼等饼肥；将有机物置于水中发酵的沤肥；猪、牛、马、羊、鸡、鸭等畜禽的粪尿与秸秆垫料堆沤制成的厩肥；在密封的沼气池中，有机物腐解产生沼气后的副产物，包括沼气液和残渣的沼气肥；利用栽培或野生的绿色植物体做肥料，如豆科的绿豆、蚕豆、草木樨、田菁、苜蓿、苕子，非豆科绿肥有黑麦草、肥田萝卜、小葵子、满江红、水葫芦、水花生等绿肥；未经污染的河泥、塘泥、沟泥、港泥、湖泥等泥肥。

（四）绿色防控体系建设

结合农业大数据、云计算以及物联网技术搭建一个云数据处理中心，把生产者、监管部门以及消费者连接起来，建立农产品质量追溯体系。按绿色农产品技术标准生产，可以保障农产品质量。采用物理防控、生物防控结合化学防控方式，可以构建绿色防控体系。同时，为了保护生态，不使用化学成分杀虫剂和肥料。

果蔬要安排适度密植与幼龄期间种，合理安排茬口提高复种指数，建好水肥一体化设施设备。耕种可采用中、小型中耕机械设备。植物生长期间可采用机械化喷药与绿色防控。水果在树上要套好优质果袋。进入市场的蔬果要达到标准，分类包装与销售，满足不同消费者的需求。

在果蔬生长过程中，采用物理措施，如性诱剂、频振式杀虫灯、粘虫板、防虫网等进行虫害防治。还可开发生物农业，选择抗逆品种，利用天敌、拮抗植物防治。

采用统防统治措施。成立专业防治组织，培养植保人员以管理项目区内作物从播种到采收整个环境的病虫害防控工作，设置专防示范点，逐步向辐射区推广统防统治。

1.农业防治措施

1）耕作除虫。春耕时提早30天以上放水沤田，可有效减少越冬害虫（如二化螟、三化螟）数量。

2）轮作。通过稻菜轮作，可显著减少水稻的病虫害。

3）休耕。适当休耕可育土肥田、减少病虫害。

4）选择抗虫品种。在保证符合优质稻米生产条件的基础上，选中抗或高抗的水稻品种。

5）间种、套种。不同品种的水稻，或水稻与茭白等其他水田作物进行间种、套种，可有效减少病虫害。

2.生态防治措施

1）利用趋避植物。在田埂种上鼠尾草，可减少七八成的水稻害虫，效果很好。

2）生物多样性。在田埂上适当保留杂草，或种上黄豆、芝麻、黄秋葵等显花植物。

3）种养结合。在稻田周边和田块中间开挖水沟，放养青蛙、鱼、小龙虾或鳖等。

4）养鸭除虫。一般每亩7~10只鸭，水稻抽穗前收鸭，对防治早期发生的稻飞虱特别有效。

5）育蜂防虫。工厂化生产赤眼蜂（如螟黄赤眼蜂、拟澳赤眼蜂等），在田间害虫产卵期释放，对防治稻纵卷叶螟、二化螟和三化螟有较好的效果。

6）以菌治虫。利用苏云金杆菌防治鳞翅目害虫，利用专一性的昆虫病毒促使某些害虫发生流行病。应急时可混用植物源杀虫剂（如印楝素、苦参碱等）。

7）功能性有机肥防虫。生物能量有机肥内含矿物质的磁波能够促使有益微生物大量滋生，从而克制土壤病菌，改良土壤，使植物健康，达到防治虫害的目的。

3.其他措施

1）诱杀害虫。通过诱虫灯、性诱剂、诱饵等诱杀害虫，但应尽量避免伤害天敌。

2）建立完善的测报制度。提前掌握害虫的发生动态，预知害虫天敌的消长情况，以便迅速采取合理的应对措施（不主张统防统治）。

二、水稻—泥鳅综合种养

水稻—泥鳅综合种养占地面积27.1亩。种养期间要经常检查防逃设施，水位应根据稻或鳅的需要适时调节。有机水稻分蘖前，用水适当浅些，以促进有机水稻生根分蘖，有机水稻拔节期适当加深水位。在大雨时，需特别注意防止泥鳅逃出田外。

（一）稻田建设

稻田面积不宜过大，一般1.5亩为宜。养鳅的稻田须筑好田埂，埂内侧埋设聚乙烯网片或塑料布，防止泥鳅钻洞逃逸。进排水口建两道拦网，外侧可用聚乙烯网，内侧用金属网。田内挖适度大小的鱼溜。鱼溜可为方形、圆形或不规则形，或开挖纵横数条沟，沟宽、深均为30~40厘米，鱼溜或沟的面积占稻田面积的5%~10%。

（二）苗种放养

稻鳅轮作养殖方式：在早稻收割后，晒田3~4天，每亩撒米糠、菜籽饼130公斤左右，次日每亩施腐熟的有机粪肥250公斤左右，暴晒4~5天，使其腐烂分解，然后蓄水，放养鳅种。稻鳅兼作养殖方式：一般在插秧后放养鳅种，单季稻放养时间宜在初次耘田后，双季稻放养时间宜在晚稻插秧后。一般每亩放养体长3~5厘米的鳅种20000~27000尾。

（三）饲料投喂

泥鳅苗种放养后，第一个月投喂动物性饲料和植物性饲料各一半的混合饲料。每天1次，每次投喂量为泥鳅总体重的3%~4%。1个月后，每隔15天追肥1次，每次每亩追施经发酵的有机肥100公斤左右，同时投喂蚕蛹、米糠、豆饼、菜籽饼、动物下脚料等。后期最好在集鱼坑内施肥投饵，这样有利于集中起捕。

三、水稻—黄鳝综合种养

水稻—黄鳝综合种养占地面积44.4亩。利用稻田养殖黄鳝方法简便，饲料源广，成本低，见效快，且黄鳝具有一定的药用价值。目前，农村许多示范园和养殖户都在积极开展稻田养殖黄鳝。这类养殖业的兴起，对于农村产业结构调整具有重要意义。

（1）田块的选择

水稻—黄鳝综合种养应选择通风、透光，进排水方便且水源无污染，保水性能好的地方。稻田面积2~3亩，在田内开挖"田"字形或"日"字形水沟。水沟的规格为，宽50~70厘米、深20~30厘米。水沟开挖面积约占稻田总面积的12%。稻田四周用幅宽100厘米的60目尼龙网片构筑80厘米高（埋入土层20厘米）的防逃墙。稻田进排水口均用密眼铁丝网罩好。

（2）鳝种放养

鳝种要求规格大而整齐，体质健壮。放养密度一般以每平方米稻田放养25克/尾的鳝种2~3尾。鳝种入田前用3%~5%的食盐水洗浴10~15分钟，这样可有效预防体表疾病的发生。

（3）施放基肥

采取的施肥方法是重施基肥，适施追肥。基肥以有机肥为主，一般亩施畜禽肥400~600千克，另加过磷酸钙30千克。追肥以无机肥为主，一般每次亩施尿素2~5千克。这样既营造了黄鳝所喜腐殖质多的水域环境，又能满足有机水稻生长的营养需要。

四、稻田艺术区

稻田艺术区根据地形地貌对稻田种植进行设计，形成富有层次感和艺术感的稻田观赏区，增加稻田的观赏性。也可以举办稻田音乐节，以音乐带人亲近自然，让人在丰收的田野中收获视听盛宴。在观景栈道上，稻田艺术区美景可尽收眼底，让人有远离城市喧嚣、获得平静与快乐的感觉。

五、脆红李种植采摘区

主栽品种以脆红李为主。根据采摘体验和教学需要，布置青脆李、七月红、中国红肉李、拉罗达、大石早生、日本李王、密思李、玫瑰皇后、黑宝石、昌乐牛心李、先锋李等品种。10月至翌年3月均定栽植，根据品种特性采用3×1定植密度，每亩栽植111株。

六、柑橘种植采摘区

（1）品种选择

以不知火和爱媛38为主载品种，包括爱媛38、砂糖橘、不知火、春见、纽荷尔、青见等。采用无病毒容器分枝苗、株行距4米×5米，双行大厢建园技术建园，为果园机械化作业留够空间。

（2）土壤整理

通过深翻和多施用有机肥让树势更加强壮，根系发达，病害减少。深翻扩穴方式有壕沟式、环沟式和井式等。盛果期树可以施用有机肥50斤，或者使用海南博士威土壤调理肥——泽土，随复合肥一起施用，还可以提高肥尿利用率20%以上，减少复合肥使用。

（3）幼树施肥

以氮肥为主，适当配磷肥、钾肥，每年结合灌水施肥4~6次，做到每梢三肥，即春梢、秋梢、夏梢抽发15~20天施肥。最后一次施肥可增加树体营养积累，提高抗寒能力。

七、有机定制专属种养园

定制专属种养园采用水栽培系统，种有多种作物，通过远程上传的配方对每一棵作物的生长进行操控。定制的APP可视化查看植物生长情况，定制者日后可带走。种养园的景观效果也可供人参观。

八、水车农趣体验点

蓝天白云下的大型水车，是旧式农耕历史的见证者。游客可缓缓转动水车、慢慢引水，清流便随水车汩汩而上，乐趣横生。

九、田间花海

在稻田中或田埂上种植一年四季有花可赏的景观乔木。可种梅花（1—2月）、桃花（3—4月）、蓝花楹（5—6月）、栾树（6—8月）、木芙蓉（8—10月）、羊蹄甲（10月）、紫荆花（10—次年3月）、蜡梅花（12—次年1月）等。

第七节　情人湖湿地区

一、情人湖

情人湖湖水平静、湛蓝，周围林木浓密，清净优雅，能让人感受大自然的脉搏，是散步、婚纱摄影、观景拍照的理想场所。

二、垂钓基地

在情人湖设置一个垂钓基地，可以钓鱼、钓虾。基地还设有租赁渔具和公厕等服务场所。

三、泛舟湖上

在湖边设置船坞，可向游客提供租借小船的服务。游人可租一叶小舟泛于湖上，或与家人，或与朋友，在谈笑间体验水上游玩的乐趣。

四、寄情长廊

特意打造的寄情长廊，两边插满鲜花，温馨浪漫，是拍照留念的好地方。

五、休闲茶饮区

茶饮区，在树荫的庇护下，在花香的浸润中，在绿草的衬托下，再加上一壶香茶，游人的惬意时光就这样浪漫地来了。

六、婚纱摄影

情人湖风景优美，它那湛蓝的湖水象征着爱情的忠贞不渝，碧绿的草坪象征着爱情生生不息的生命力。情人湖是婚纱摄影的好地方。要利用这一地理优势打造婚纱摄影胜地。

第八节　文化体验民宿区

一、布谷精品酒店

酒店内部设有自助餐厅、会客餐厅等，并提供当地特色美食，以满足顾客多种需求。还会提供酒吧、桌球、棋牌、茶室、会议室（大小会议厅6个，分别满足10~30人、30~60人的需要）、健身室等设施，以供游客会友、休闲、商务洽谈。酒店里还提供娱乐、瑜伽等场地服务。

二、郭印纪念馆

郭印纪念馆展示郭印生平及诗词作品，恢复宋代郭印生活样貌，普及宋代官僚制度、宋代政治背景、百姓生活细节等。还会展示郭印友人诗词作品。

郭印纪念馆里设有农业知识讲堂、二十四节气科普台、生态农业微型博物馆。

1. 农业知识讲堂

在农业知识讲堂里，通过与高等院校、科研机构合作，定期开展农业知识讲堂，向游客科普农业知识。同时通过计算机仿真技术展现农业耕种过程，给予游客更直观的感受。

2. 二十四节气科普台

二十四节气被誉为"中国的第五大发明"，是人类非物质文化遗产。在二十四节气科普台，游客可以通过节气习俗、节气文化等方式加深对二十四节气传统文化的了解。

3. 生态农业微型博物馆

生态农业微型博物馆主要展览有本地特色的文化遗产和农副产品展示，

比如农耕器具、耕种流程等。游客在这里可以了解生态农业的发展历程、耕作方式等。

三、生态餐厅

生态餐厅以当地养殖的泥鳅为原材料，主打泥鳅黄鳝宴。在这里游客可以品尝到油炸泥鳅、泥鳅软烧等泥鳅特色食品，还可以体验捕捉泥鳅，品尝劳动后的美食风味。

四、精品会议厅

精品会议厅分为大、中、小、型会议厅。小会议厅有4间，每间容纳30~60人；中型会议厅有3间，每间容纳200~300人；大型会议厅有2间，每间容纳1000人。

五、园区大门

产业园区共有两个大门，分别为南大门、东门。大门采用传统门牌坊装修风格，以与整体风格相匹配。

营山稻香　天下粮仓

——南充市营山县创建省级粮油
现代农业园区策划暨总体规划

（规划编制时间：2021 年）

第一节 项目概况

一、项目规划范围及期限

营山县省级粮油现代农业园项目区总面积约89.49平方公里，规划期限为4年，2021—2024年。

二、项目潜力分析

（一）区位优势

营山县全县辖26个乡镇、3个街道办事处，城区建成区面积23平方公里。营山县地处四川盆地东北部，介于嘉陵江与渠江流域之间，隶属四川省南充市，是南充的东大门和交通次枢纽，与蓬安、仪陇、平昌、渠县四县接壤，有着东出达州通湖北，南向广安达重庆，西至南充进成都，北上巴中望秦川的地理位置；是成渝南三角经济区的重要支点，连接南充、广安、达州、巴中四个地级城市经济辐射的腹心城镇。

园区距离营山县城6.1公里，开车15分钟车程。

（二）交通优势

项目有"一环三横五纵"交通网络优势。

1.铁路

穿过的铁路和站点：达成铁路——营山站，成达万高铁——营山西站。

达成铁路、成达万高铁穿过该项目地。营山高铁10分钟到达南充，高铁55分钟到达成都，动车2小时到成都，6小时到达北京。

项目地距离营山县高铁站8.5公里，开车20分钟。项目地距离营山西站约10公里，开车25分钟。

2.公路

项目地的高速公路有达阆高速、银昆高速、南大梁高速。

西侧两个高速出入口均在项目地范围内。

西北侧——高峰村（银昆高速营山东升互通高速出入口）。

西南侧——望龙村（银昆高速与南大梁高速交叉处营山望龙枢纽高速出入口）。

南侧高速下线口距白岩寨1.2公里，开车4分钟。

东南侧——垛梁村（南大梁高速四喜小桥高速出入口，距离项目地白岩村560米）。

项目地距离营山一环路6.1公里，开车15分钟。

项目地位于东升镇、骆市镇、小桥镇之间，三条省道（S204、S305、S412）穿行而过。

（三）生态资源

1.水资源

项目园区北临东升湖（原盐井水库）和凉水井水库，可引水灌溉。园区内有数个小型水库、流江河系和营山河系滋润大地，数条水渠和数个水塘网织棋布。水源充足，生态优美。

2.土壤分析

项目区有水稻土、紫色土，零星分布潮土。土壤pH值5.0~8.8，有机质7.1~41.1克/千克，平均含量19.02克/千克；全氮0.51~2.96克/千克，平均1.11克/千克；碱解氮32~211毫克/千克，平均100.6毫克/千克；有效磷1.1~31.2毫克/千克，平均10.9毫克/千克；速效钾43~196毫克/千克，平均98.1毫克/千克。平均耕地质量等级5.4，安全类别为优先保护类。

3.地形

项目地内的地形主要为平原和山丘，总体为北高南低的地势。从北到南依次为低山丘陵、浅丘带坝地。

4.气候

项目地属亚热带湿润季风气候。

5.气温

营山县年平均气温17.2摄氏度，最高年平均气温18.1摄氏度，最低年平均气温16.2摄氏度。气温年际变幅不大，气温较稳定。一年之中最热月为7月，月平均气温27.2摄氏度；最冷月为1月，月平均气温6.2摄氏度。极端最高气温为41.0摄氏度；极端最低气温为-4.0摄氏度。年平均无霜日290天。

6.日照

营山县累计平均日照数为1205.4小时。各月中日照时数最长是8月，平均为182.4小时；最少的是12月，平均为35.3小时。

7.无霜期

营山县年无霜期301天。

8.降水

营山县降水量较充沛，年平均降水为1068.0毫米。最大年降水量1421.9毫米（2000年）；最小年降水量仅706.0毫米（2001年）。日最大降水量158.9毫米（2004年9月4日）。四季降水分布不均。

9.湿度

营山县年平均空气相对湿度79%。

10.动植物资源

在植物中，营山县蚕桑、白蜡、柑橘、油桐曾经闻名于省内外，冰糖柚还获得全国优质水果称号。

县内国家二级保护的野生动物有：水獭、小灵猫、雀鹰、四川鹧鸪、红腹角雉、灰鹤、长耳鸮、短耳鸮、鸺鹠。省重点和有益保护的有：白鹭、董鸡、家燕、鹰鹃、乌梢蛇、锦蛇、赤狐、豪猪、雉鸡、猪獾、穿山甲、青蛙、火斑鸡、白鹤、画眉、秧鸡、八哥、乌龟、鳖。

（四）文化资源

营山县的进士文化。从宋至清，营山共产生57名进士，仅清代就有26

名，还有200余名举人、360名贡生，享有"科第仕宦，甲于蜀都"、四川第五大才子之乡美誉。

（五）特色产品

1. 营山特产

红油：传统的手工制作红油，色香味高度浓缩，香味浓郁，麻味醇和，辣味适中，鲜辣爽口，回味悠长，开胃促食。它是集辣椒油、花椒油、芝麻油于一体的，是家庭首选的优质调味品。

冰糖柚：营山冰糖柚果实呈倒卵形，橙黄色，油胞细密，果汁较多，酸甜适度，嫩脆浓郁，维生素含量丰富，具有很高的营养价值。

板鸭：营山板鸭在清代名噪天府，民国以后，驰名远近。营山板鸭的制作有三大独特之处：一是非时不做；二是选鸭挑剔；三是选形别致。

凉面：营山凉面是营山县的传统名优小吃，因其面条细嫩清爽，作料香辣味浓，色香味俱佳而远近闻名。它色鲜味美，有着悠久的历史，是当地有名的特色小吃。

2. 省级粮油现代农业园区特产

省级粮油现代农业园区特产有水稻、油菜、枇杷、花椒、中药材、核桃、冰糖柚、水产、晚熟柑橘等，品种较丰富。

（六）突出的特色产业

粮产业：园区现有水稻种植面积约39349.42亩，经济收入约为5037万元。规划整理土地后，高标准农田可扩大种植面积和扩大产量。

油产业：园区现有油菜面积22812.09亩，经济收入约为2053万元。

渔产业：东升镇现有鱼塘83处，骆市镇现有鱼塘121处，小桥镇现有鱼塘79处，规划后水产面积将会扩大。

经济林：位于东升镇朝阳村（原楼房村）共1600亩，种植桢楠300亩。

中药材：黄精200亩，产量25万斤，产值200万元；佛手500亩，产值330万元。若规划建成千佛村珍稀苗木基地，园区经济林规模将扩大。

其他产业：东升镇有佛手、蜜柚、蔬菜水果基地。骆市镇有沿码蔬菜、温祖枇杷、中药材、果木、莲藕、花椒。小桥镇有青蒿、莲藕等。

三、对比分析

（一）现代农业产业园对比分析

1.广汉市国家现代农业产业园区

广汉市国家现代农业产业园区空间布局"一核、三区"，园区面积202平方公里，涉及6个镇域内78个行政村。主导产业种植面积18.3万亩。粮食加工企业75家，国家、省、市级粮食加工重点产业化龙头企业10个。稻虾公园一期5000亩，惠及农户1800余户。农户每年有600余万元土地租金的稳定收入，还能享受二次分红。

2.邛崃天府种业园区

邛崃天府种业园区是成都市"7+7"农业产业功能区中唯一的现代种业产业功能区。园区面积约100平方公里，涉及6个镇乡（街道）32个村（社区）。总部区面积约2.1平方公里。已建成以杂交水稻为主的制种基地3.5万亩（其中水稻制种基地2.8万亩）。能繁母猪2.9万头，年繁殖水产种苗2.3亿尾。

3.安岳现代农业产业园

安岳现代农业产业园总体发展思路是"一园两核四基地三中心三体系"，园区面积约521平方公里，涉及安岳县北部16个乡镇，2019年园总产值60.64亿元。

新建和改造提升3万亩标准化示范基地；长期聘请1500多名专业技术人员；持续擦亮"安岳柠檬"金字招牌；"龙头企业＋合作社＋物流公司"的模式实现运输柠檬鲜果40万吨以上，电商销售达20亿元以上。

（二）营山其他产业园区

1.芙蓉水镇文旅产业园

芙蓉水镇文旅产业园是营山文旅融合、产城一体、乡村振兴的示范之作。该项目占地6700余亩，总建筑面积52万平方米；已完成投资16亿元，超年度计划3亿元；完成房屋征拆286座（5.85万平方米），以及8.5万平方米特色商业街区80%工程量和4公里市政路建设。

2.清水镇水产园区

该园区概算投资3亿元，规划建设水产养殖园区5000亩。可辐射带动营山县清水镇、回龙镇等8个乡镇的50个村，涉及6个镇乡（街道）32个村（社区）。已建成水产养殖园区4000亩，年产水产2100吨，实现销售收入6500万元。项目全部建成后，可年产水产2700吨，实现销售收入9000万元。

3.四川天府臻信实业集团粮油贸储物流园

该项目主要从事粮食、食用植物油、乳制品、水产品等加工；已建成日产100吨大米生产车间、日处理200吨烘干机组、5000吨精炼菜籽油生产线、3万吨低温粮食储备仓、1万吨粮食周转仓、1万吨储油罐、冷链仓储物流体系及电子信息交易体系。

总的来说，这些现代农业产业园规模大、规划成熟、基础设施完善，形成了较多的品牌积累。营山县粮油现代农业产业园区规划与建设若同质、同步，易发展受限。

本项目的规模比营山其他产业园大，合作方技术与实力更优，农业产业上下游资源丰富且集中，利于品牌联动和扩大影响力。

四、项目SWOT分析

（一）项目优势

1）地理资源禀赋优良，地形地貌丰富多彩。

2）区位优势凸显，连接南充达州、巴中、广安。

3）有较强的农业产业基础，已实现产业差异化布局。

4）中化农业MAP（Mobile Application Part，意思是移动应用部分）技术应用于本园，大力提升农产品产量与农业效率。

（二）项目劣势

1）区域品牌形象滞后。

2）缺乏全县现代农业总体规划，园区乡村旅游设施较少。

3）资金投入大，收入回报较慢。

4）三产融合不够，各镇乡村级集体经济组织不健全。

5）农业规模小，农村资源盘活利用不够。

（三）机遇

1）营山县《乡村旅游专项规划（2016—2025）》"一轴、三带、五大休闲农业区"的格局为本项目指明了发展方向。

2）国家大力倡导农旅融合产业发展，也为项目发展指明方向、带来机会。营山县委、县政府也有相关政策的支持。

3）园区总规划形成后，利于园区各个产业内部形成农业技术、农业信息、销售渠道、政策等共享共赢与协同发展。

4）形成大品牌效应，对内部各个产业未来影响深远。

（四）挑战

1）现代型农业人才不足。

2）营山乡村旅游整体发展速度有限，竞争态势提升。

3）邻近区域同质项目对旅游资源和市场资源的截留。

4）园区涉及三个镇，须克服信息不及时、对接不及时、协调不到位等困难。

五、发展评价

1）农业新业态已形成，但休闲农业还待进一步发展；

2）粮油品种多样，但发展进度有待加快；

3）基础设施装备不足，高标准农田建设有待提高；

4）政产学研初显成效，但粮油科研体系还须进一步完善；

5）引入初加工技术，亟待为园区提供发展动力；

6）主导产业优势凸显，规模化发展还在培育中；等等。

第二节　项目规划思路与目标

一、项目规划总体思路

（一）"乡村振兴、产业融合"的思路

1.主攻方向

以质量兴农为核心，以生态兴农为本底，将"生态+优质粮油""生态+康养旅游""生态+民俗文化"模式做好，做优粮油产业升级、做亮生态旅游、做深民俗文化传承，打造优质粮油高标准种植、高品质生产、高科技革新于一体的产业兴旺样板。

依托园区区位优越、气候适宜、土壤肥沃、水源充沛、人文资源丰富的基础条件优势和现有优质粮油产业基础，以"生态+"为产业发展的IP元素，将土地、农产品、原乡居民、传统民居、民俗文化等要素赋予生态内涵，按照现代农业"2233"产业体系构建全域产业发展体系，立足产业兴旺，助推乡村振兴。

2.基本思路

坚持党的领导，以国策实施为导向。

以生态为本，空间规划是基础。

以产业为核心，现代产业体系构建是关键。

乡村振兴有特色，开放共享，生态和谐，宜居宜业。

文化繁荣，优良传统的继承与现代创新并举。

实施人才驱动，激活创新思维。

有组织保障，法治、基层自治、德治相辅相成。

以人为本，村民生活幸福是根本追求。

实现可持续发展，发挥内外动力系统的长效机制。

跟踪服务，强化规划的稳定性和实施的可操作性。

（二）现代农业的发展思路

现代农业是用现代工业装备的，用现代科学技术武装的，用现代组织管理方法来经营的社会化、商品化农业，是国民经济中具有较强竞争力的现代产业。实现农业生产的物质条件和技术的现代化，利用先进的科学技术和生产要素装备农业，实现农业生产机械化、电气化、信息化、生物化、化学化。实现农业组织管理的现代化，使农业生产专业化、社会化、区域化、企业化。项目园区应采用现代农业生产方式，发展现代农业生产模式。

二、项目发展策略

（一）成立优质粮油现代农业产业研究中心，打造产业创新高地

围绕优质粮油产业，整合科技创新资源，完善优质粮油科技创新体系和产业技术体系。探索建立粮油产业技术研究中心，配套建立粮油科技创新中心、粮油产业创新联盟、粮油产业孵化平台。

（二）建设配套物流服务，强化电商创新驱动

建设粮油物流配送基地、粮油交易市场等市场流通平台；配套建设以产品集散、仓储配送、电商快递为重点的电商物流服务体系；配套建设以粮油商务信息公共服务平台、物流信息公共服务平台为重点的电商信息服务体系。

（三）推进农田标准化工程、优质粮油生产现代化

以作业道路建设、高标准农田建设、标准化章程建设为主，促进农田标准化建设；开展新品种新技术的集成示范、推广智能农业。

（四）推进农商文旅体融合，促进优质粮油产业振兴

通过"优质粮油+旅游""优质粮油+文创""优质粮油+教育""优质粮油+康养"促进农商文旅体深度融合，推动区域产业优势走向产业高端，植入生态、体验、度假、文创元素，构建多元旅游产品体系。

（五）推进优质粮油精深加工，延伸产业链条

通过已有的加工技术、研发技术等对粮油产业园区的主要生产方式进行研发、创新，建设粮油特色酿造工坊，研发粮油精深加工食品等，以达到扩大规模、延伸产品线、丰富产品的目的，从而打响营山县优质粮油知名度。

三、项目规划发展模式

（一）产业发展模式

项目中的产业发展模式有：共建共营模式、共治共管模式、共享共赢模式。
共建共营模式：多元主体共建共营模式。
共治共管模式："原住居民+新居民+游客"共治共管模式。
共享共赢模式："资源+利益"共享共赢模式。

（二）产业规划模式

产业规划模式：中心组团领航，环片圈层发展，点、面结合的复合发展态势。

1）打造绿色科技生态农业。营造一个产业结构多元、循环自助共生的生态农林系统，以取得最大的生态经济整体效益。

2）挖掘复合、多元农业发展实力。以复合、多元模式挖掘生产力，提高农业技术亮点，引领这座生态示范型农业旅游基地成为农业生产技术的标杆。

3）培育精致农业品牌。深化发展营山县农产市场，扩大产业园品牌农产的示范性渗透作用，发挥营山县农业的优势与潜力。

4）打造绿色生态农业。绿色农业是遵照一定的农业生产标准，在生产中不采用基因工程获得的生物及其产物，遵循自然规律和生态学原理。本项目要打造绿色生态农业。

5）湿地生态环保策略。湿地是生命的摇篮，人类文明的源头，文化传承的载体。湿地赋予人类清洁的水源、丰富的物产、便利的交通。人类祖先逐水源而居，与湿地相互依存。此项目要保护好湿地生态。

6）水生态净化系统。利用现状丰富水系，以滩涂生物栖息地、多水塘生态湿地净化器、梯池过滤溶氧等手法，协同完成自然渗透、综合净化、水质稳定的三大净化环节。

7）修复涵养、塑造可持续的景观生态格局。丰富生态要素，修复生态涵养，塑造一个可持续的景观生态格局。

8）绿色生产，引入多样化的农业生产模式，确保各产业园和基地在各类农产过程中都得到普遍应用。

四、项目规划中产业发展路径

（一）培育壮大龙头企业，助推粮油产业升级

一是延伸产业链条。发展产购储加销一体化模式，引导农民调整种植结构，增加绿色优质粮油产品供应，鼓励企业在粮食种植、加工环节与农耕体验、旅游休闲、文化教育、健康养生等领域深度融合。

二是培育壮大龙头企业。通过内引外联，靠大联强，大力推进粮油企业兼并重组，寻求战略合作伙伴，引进大型知名企业和资金技术，打造航母型企业、建设企业园区，形成产业集群，增强本地区企业整体规模和实力。

三是鼓励科技创新。支持粮食企业加快向创新型企业转变，聚焦粮食仓储、粮油适度加工和精深加工、副产品循环利用，推动"产学研用"紧密融合，形成"创新链"。支持一批科研项目，遴选一批"科技兴粮"示范单位，在共性问题和关键技术上实现新突破。

（二）推动优质粮油生产，引导种植结构调整

一方面，根据市场供求变化和区域比较优势，在园区通过土壤检测、试种栽培，选择主推2~3个特色粮食品种，再基于园区产业分布特点，对种植结构与面积进行合理布局。

另一方面，借助龙头企业，在园区内标准化、分区域，建设优质粮油生产基地。按照"公司＋合作社＋基地＋农户"等产业化模式，发展订单生产，引导农民及时调整种植结构。帮助农民实行标准化生产，降低生产、经营的风险。

（三）培育园区粮油品牌，提高知名度美誉度

以园区为引领打造特色公共品牌，突出打好"优质""特色"两张牌，开发优质产品。支持企业开发生产特色粮油产品，突出"名特优"，提升产品附加值和软实力。

发力品牌建设。把品牌建设作为"好粮油行动"的主攻方向，创建与区域布局相结合的区域公共品牌、与绿色有机相结合的产品品牌、与原料基地相结合的企业品牌。

组织人员参加四川粮食交易大会和产销对接会，精心组织展示推介洽谈活动，开展宽领域省际产销合作交流。

（四）完善粮食质检体系，提升质量监管水平

在全省检验检测机构整合的背景下，因地制宜建设粮食质检机构，积极探索多种形式，满足"优质粮食工程"检验监测需要。逐步建立起从生产、收储、加工到运输、销售的粮油产品质量追溯体系，建立完善粮食质量安全

风险报送机制，着力提升粮食质量安全监管水平。

（五）构建产后服务体系，确保服务功能齐全

一是抓紧摸清底数。对现有产后服务能力进行全面摸底调查，坚持"产后服务功能"全覆盖。充分利用其他行业部门和粮食收储制度改革后一些国有粮库闲置的仓房、厂房、场地等资源，可独立建设，也可与企业开展合作。

二是坚持需求导向。科学规划、合理布局，发挥试点建设典型示范的引领作用。

三是精心选好主体。充分发挥农民农业合作社、收储企业、加工企业各自优势，整合各类资源，择优确定市场主体。

四是严控仓库建设项目。鼓励通过改造现有仓储设施，实行粮食分等分仓储存，实现优粮优储。

五是推广绿色储粮。支持市场主体对现有粮食仓储设施进行升级改造，推广应用绿色储粮新技术新设备。

五、项目目标任务

项目规划的近期目标是创建省级粮油现代农业园区。项目规划的中期目标是争创国家级粮油现代农业园区。

四大产业发展目标：四川省省级现代农业园区、国家级粮油现代农业园区、中国优质粮油产业融合发展示范区、四川丘区绿色生态农业培育样板区。

园区旅游发展目标：生态旅游度假示范区、四川乡村振兴示范区、省级乡村旅游度假综合体。

园区主要任务：按照"一年有起色、两年见成效、三年成体系"的总体安排，建成产业特色鲜明、要素高度聚集、设施装备先进、生产方式绿色、经济效益显著、辐射带动有力的优质粮油现代农业园区，加快补齐农

业现代化短板，构建粮油发展动力结构、产业结构、要素结构，形成农民收入增长新机制，推动农业农村经济向形态更高级、分工更优化、结构更合理阶段演进。

通过强化粮油标准化基地、农产品加工物流、新业态、品牌提升、科技创新、主体培育、利益联结机制等建设，进一步延伸粮油产业链、提升价值链、联结利益链、完善服务链，壮大粮油产业，促进粮油与旅游、粮油与加工、粮油与商贸深度融合发展，构建集粮油绿色种植、生态加工、商贸服务、休闲体验于一体的粮油全产业链融合发展园区，到2024年，将园区打造成全省乡村振兴产业兴旺样板，引领全县粮油产业向标准化、精深加工化、高效化、旅游化、品牌化转型升级发展，助力申报四川省星级现代农业园区。

六、项目规划建设原则

（一）发展功能定位准确

园区建设思路清晰，发展方向明确，突出规模种养、加工转化、品牌营销和技术创新的发展内涵，突出技术集成、产业融合、创业平台、核心辐射等主体功能，突出对区域农业结构调整、绿色发展、农村改革的引领作用。

（二）规划布局科学合理

园区建设与当地产业优势、发展潜力、经济区位、环境容量和资源承载力相匹配。园区专项规划或方案符合当地经济社会和农业发展规划的要求，并与有关规划相衔接。园区有明确的地理界线和一定的区域范围，全面统筹布局生产、加工、物流、研发、示范、服务等功能板块。

（三）建设水平区域领先

园区各项指标区域领先，现代要素高度集聚，技术集成应用水平较高，

一、二、三产业深度融合，规模经营显著，新型经营主体成为园区建设主导力量，体制机制创新活力迸发。主导产业集中度较高，占产业园总值的90%以上。

（四）绿色发展成效突出

种养结合紧密，农业生产清洁，农业环境突出问题得到有效治理。农业综合改革顺利推进，全面推行"一控两减三基本"。生产标准化、经营品牌化、质量可追溯，产品优质安全，无公害农产品生产全覆盖，绿色食品认证比重较高。绿色、低碳、循环发展长效机制基本建立。

（五）带动农民作用显著

入园企业积极创新联农带农激励机制，通过构建股份合作等模式，建立与基地农户、农民合作社"保底＋分红"等利益联结关系，实现产业融合发展，让农民分享产业增值收益。园区农民可支配收入持续稳定增长，原则上应高于当地平均水平的30%。

（六）政策支持措施有力

地方政府支持力度大，统筹整合财政专项、基本建设投资等资金优先用于产业园建设，并在用地保障、财政扶持、金融服务、科技创新应用、人才支撑等方面有明确的政策措施，政策含金量高，有针对性和可操作性。水、电、路、信、网等基础设施完备。

（七）组织管理健全完善

园区建设主体清晰，管理方式创新，有适应发展要求的管理机构和开发运营机制，形成了政府引导、市场主导的建设格局。

第三节 项目建设内容

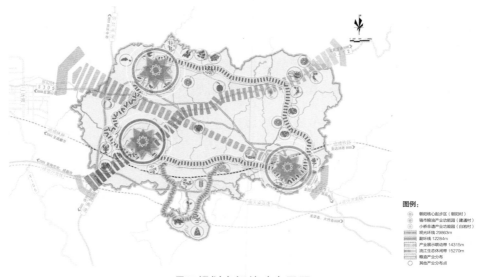

图例：
⬡ 朝阳核心起步区（朝阳村）
⬡ 镇市粮油产业功能园（建通村）
⬡ 小桥非遗产业功能园（白岩村）
▦▦ 观光环线 29863m
▦▦ 副环线 12284m
▦▦ 产业展示联动带 14315m
▦▦ 流江生态休闲带 15270m
▦▦ 粮食产业分布
○ 其他产业分布点

项目规划空间战略布局图

一、项目定位

总体定位："营山稻香　天下粮仓"。

项目着力打造优质粮油，创新农业新业态、新技术，加强生态环境平衡与保护。营山进士文化凸显着它的人文氛围，乡村文脉支起特色省级现代农业园区的人文情怀。2022年创建省级粮油现代农业园区近在咫尺，2024年争创国家级粮油现代农业园区指日可待。

二、形象定位

灵山秀水耀营山，巴蜀良田金满仓。

开窗见田进士谷，牧歌田园诗人乡。

妩媚流江河，浪漫进士谷。

营山田园山水，美景富村山居。

现代农业新高地，秀丽营山展鹏程。

听得见大自然脉搏，感悟营山龙脉之心。

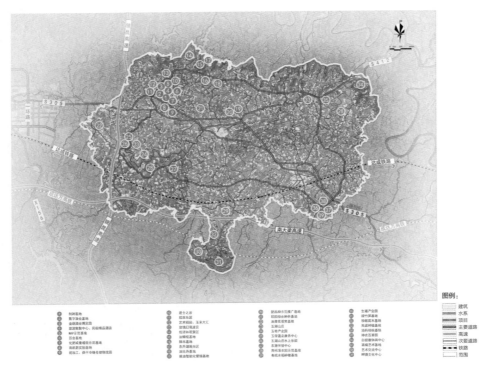

产业分布图

三、主导产业

1.优质水稻

水稻品种采用稻香杯二级米以上的达85%以上，三级以上优质米覆盖率达100%。园区水稻种植面积约39349.42亩。

2.优质小麦

园区小麦种植面积约25924.92亩。品种采用以下两种。

绵麦285，由绵阳市农业科学研究院选育。春性，全生育期180天左右。幼苗半直立，分蘖力强，叶苗绿色。株高90厘米左右。穗方形，长芒，白壳。籽粒卵圆形，红粒，粉质—角质，饱满。平均亩穗数19.8万穗，穗粒数49.8粒，千粒重42.2克。

川麦601，由四川省农业科学院作物研究所选育，春性，早熟。全生育期180天。幼苗直立，株高83厘米左右，穗长方形，长芒，白壳，籽粒卵圆形、白粒、粉质—半角质、饱满。平均亩穗数22.90万穗、穗粒数41.8粒，千粒重46.6克。

3.油菜

园区油菜种植面积约22812.09亩。品种采用以下两种。

德兴油88，株高220厘米左右，单株角果数480.5个，每果粒数15.9粒，千粒重3.60克，含油率43.81%，芥酸含量0.12%，全生育期215.8天。

兴奥油18，分枝节位低，适合直播、移栽、机收，四川及长江中下游水田、旱地种植表现优良。

4.玉米

园区玉米种植面积约11147.5亩。品种采用以下两种。

华试919，由四川华丰种业有限责任公司选育。全生育期119.5天。第一叶鞘颜色浅紫、尖端形状圆匙形。株高250厘米，穗位高95厘米。叶片与茎秆角度中，茎"之"字程度无，叶鞘颜色绿。

长玉13，该品种系山西省农科院谷子所于1998年引进山西省农科院作物所自交系H92-1为母本，自选自交系1572为父本组配育成。春播平均生育期120天，与对照相当。功苗叶片绿色，长势强。株型较平展，穗上部叶上冲。株高250厘米，穗位90厘米，总叶片数20叶，雄穗花药黄色，护颖绿色，花粉量大，雌穗花丝粉红色。

四、朝阳核心起步区（朝阳村）

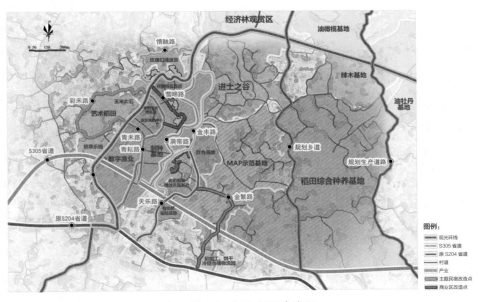

朝阳核心起步区交通路线图

项目定位："天府画卷"。

智慧的营山人民，用其勤劳的双手将营山这片土地雕琢出珍宝般美丽，宛如一幅绵延至天际的画卷，远远望去，又好似一条五色的彩带，伴随着时代的韵律，舞动而飞扬。

天府土地肥沃、物产富饶，在其发展中，营山崭露头角。它水富谷丰，民风淳朴，钟灵毓秀。营山清波绿陌、花舞缤纷。营山人挥笔泼墨，谱绘天府画卷，倾力打造省级粮油现代农业园区和国家级粮油现代农业园区。

1. MAP示范基地

规划在东升镇东盛社区（原桂花村）、朝阳村、骆市镇游乐村（原和平村）、新华村，建设MAP示范基地5000亩，由优质企业投资，集智慧农业、数字农业、MAP技术应用等为一体，建设时间2021—2022年。

2. 数字渔业基地

数字渔业基地规划于东升镇朝阳村、东盛社区（原东盛村），面积约500亩。建设时间2021—2022年。

该项目由南充市营渔水产科技有限公司打造，以现有养殖水面和稻田为依托，集环境工程、现代生物、电子信息等先进技术于一体，采用集约化循环养殖系统对鱼类进行集中精细化养殖管理，将鱼类粪便、残饵等废弃物进行分离，再利用外塘或稻田、湿地的自我净化能力，形成健康循环种养模式。

子项目：鱼病防控及质量快检实验室。

3. 金葫酒业博览园

金葫酒业博览园规划于东升镇朝阳村，面积约50亩，建设时间2022—2023年。由川酒集团打造，园区内可酿酒，还有藏酒室、品酒厅、酒品展示区等。

4. 旅游集散中心

旅游集散中心规划于东升镇朝阳村，面积约30亩，建设时间2021—2022年。

子项目：技术服务中心、游客集散中心、忆江南茶馆、质量检验中心、农产品展销区、进士文化广场、农产品质量安全追溯平台等。

5. 湿地

湿地在东升镇朝阳村，面积15亩。湿地是大门进入核心区的第一景观，围绕湿地设计环湿地木栈道和亲水平台。

6. 制种基地

制种基地规划在东升镇朝阳村，面积约500亩，建设时间2021—2022年。规划良种覆盖率100%，推广良种。主要示范区沿道路的台地保留原始地形，局部调整增加层次感，在原有田地基础上育苗不同品种，加强观赏性，使之四季皆有景可观。

7.化肥减量增效示范基地

化肥减量增效示范基地规划在东升镇朝阳村，面积50亩。建设时间2021—2022年。

示范推广秸秆还田、绿肥种植、增施有机肥、配方施肥、水肥一体化等高效施肥技术，集中展示一批土壤改良、地力培肥、治理修复和化肥减量增效技术模式，引导和鼓励农民应用缓释肥料、水溶肥料、生物肥料等高效、新型肥料，增施有机肥，减少不合理化肥投入，提升耕地质量水平，推动农产品绿色发展。

8.有机肥实验基地

有机肥实验基地规划在东升镇朝阳村，面积50亩。建设时间2022—2023年。

通过推进有机无机结合，可以在提升耕地基础地力的同时，实现粮油增产、提质。采用有机废弃物堆肥还田模式，引导农户因地制宜收集秸秆、尾菜、落叶、菌渣、粉碎枝条等废弃物，在地头、坑塘堆沤积造有机肥、发酵沼渣沼液肥，自造自用或者购买使用堆肥、沼渣沼液肥。

9.进士之谷

进士之谷规划建设在东升镇朝阳村、新华村（原永林村）之间，占地约700亩，建设时间2021—2022年。系集"学园、田园、家园、乐园"于一体的大中小学生劳动和社会综合实践（简称双实基地）及研学基地。

进士之谷规划建设有滑草场、生产劳动基地、传统劳动基地、实践大楼、进士塔、学生食宿中心、风雨操场、农耕博物馆等。配备专（兼）职教师90人，工勤人员38人，每天至少可容纳5000人开展活动，年可达50万人次以上。力争营运三年内申报国家级劳动教育示范区和研学营地。

10.民宿精品酒店

民宿精品酒店规划建设在东升镇朝阳村，面积约20亩，可由农业发展投资有限公司投资，建设时间2021—2022年。内部设有自助餐厅、会客餐厅等，满足顾客多种需求，并提供当地特色美食。还建有专家工作室、专家大院、住宿、会议室（大小会议厅6个，分别满足10~30人、30~60人需要）等。娱乐子项目还有酒吧、桌球室、茶室餐厅、健身室、密室逃脱、剧本杀、AR体验等。建筑风格为现代中式风格。

11.经济林观赏区

经济林观赏区位于东升镇朝阳村（原楼房村），占地约1600亩，建设时间2023—2024年。将在观赏区栽植经济林木和观赏林木，建成不同特色的绿化景区，做到四季有景。在经济林内还可摆放大型竹编艺术品，打造亚洲最大竹编桥，吸引游客游玩与拍照打卡。

12.民宿林盘发展模式

民宿林盘发展模式选址东升镇朝阳村，占园区范围内300亩地，改造3~6家民宿，营山县农业发展投资有限公司投资，打造成独具特色的主题民宿和商业街区，将吃、喝、玩、乐聚为一体。

建筑风格按照"丘陵林盘发展模式"，采用竹编栅栏围城的四合院，宅院与林木映衬，若隐若现；借小路自由组合、形态丰富、自然有序。

子项目：民宿餐馆（妈妈的味道）、民宿竹院（红泥竹院）、民宿咖啡（时光印记）、民宿（进士书局）、辛垦书屋、民宿客栈（兰庭别院）、民宿客栈（绿波里）、民宿客栈（楠舍）等。

13.百合基地

百合基地选址东升镇朝阳村，面积约200亩，建设时间2022—2023年。食用百合一般在收获当年秋栽或次年春栽。秋栽在10月中下旬至11月上旬，即土壤未封冻前，栽植后的种球当年不发芽，种球在土壤中越冬，翌年春发芽早，出苗、开花、现蕾都早，植株生长旺盛。在有灌溉条件或年降雨雪量适中的地区，土壤墒情适宜地块多选择秋栽；反之，多选择春栽。

14.初加工、烘干冷链仓储物流园

（1）初加工中心

初加工中心规划在东升镇朝阳村，面积约30亩，由四川天府臻信实业集团有限公司、营山杨明农机专业合作社、营山营康农业技术服务有限公司投资，建设时间2021—2022年。其中初加工中心规划主导产业清洗、分拣、切割、包装等。粮油、特色产业农产品产地初加工率达80%及以上，畜禽、水产农产品产地初加工率达70%及以上。对收获的各种农新产品进行去籽、净化、分类、晒干、剥皮、沤软或大批包装，以提供初级市场的服务活动，以及其他农新产品的初加工活动，包括对农新产品的净化、修整、晒干、剥皮、冷却或批量包装等加工处理等。

（2）烘干冷链仓储物流中心

烘干冷链仓储物流中心规划在东升镇朝阳村，面积约50亩，由四川天府臻信实业集团有限公司、营山杨明农机专业合作社、营山营康农业技术服务有限公司投资，建设时间2021—2022年。其中烘干冷链仓储物流中心是集烘干、冷链、仓储、物流为一体的中心，提高烘干服务能力，降低烘干成本。使用钢构厂房内部制作较大跨度的单层装配式组合冷库，规划粮油烘干率达80%以上，蔬菜、水果等农产品冷藏保鲜率或干品冷藏贮存率达80%及以上，冷链运输率达50%及以上，肉类冷链运输率达100%，水产鲜活运输率达100%，畜禽肉类冷藏率达100%。

15.玉米大汇

玉米大汇选址东升镇朝阳村，面积约40亩，建设时间2022—2023年。由营山县农业发展投资有限公司投资，种植不同品种的玉米，并用标识性招牌标记玉米品种，不仅具有观赏价值，还具有科普价值。

16.稻草乐园

稻草乐园选址东升镇朝阳村、东盛社区（原桂花村），面积约80亩，建设时间2021—2022年。利用一般农田丰收后的空地展示稻草雕塑，聘请稻草雕塑专业人士和爱好者将稻草收集制作成各种趣味造型，吸引儿童、家长和周边游客观赏打卡。

17.玫瑰幻境迷宫

在东升镇朝阳村、三官村建设规模约90亩的玫瑰幻境迷宫，建设时间2022—2023年。迷宫群由形状各异的迷宫组成，有二维码形、圆形、正方形、五角星形、六边形、卍字形、自然形等。迷宫由玫瑰等植物构成。游人走在其中，既可体验别样的迷宫乐趣，又让视觉有美的享受。

18. 艺术稻田

艺术稻田地址为东升镇朝阳村、三官村（原檬子村）、东盛社区（原桂花村），面积约200亩。建设时间2022—2023年。由营山县农业发展投资有限公司投资。在稻田中种植不同品种的水稻，以色、形作画；搭建观景台，举办稻田艺术节，吸引游客观赏。配合采用木质和钢筋混合的方式修建观景台，既不影响土地使用，也易于拆卸。

五、骆市粮油产业功能园（建通村）

1. 高标准农田示范基地

规划建设两个高标准农田集中连片示范区，分别在骆市镇沿码社区、竹林社区、三溪村3个合并后的新村社，和东升镇、骆市镇东盛社区、建通村、玉帝村等7个合并后的新村社，集中连片打造基地，建设面积分别为10000亩，共20000亩。整个园区高标准农田建设共计6万亩，建设时间2021—2024年，粮油高标准农田占园区耕地面积的70%以上。

包括恢复灌溉渠道，修缮作业便道，按照标准更高、配套更优、产业更强的总要求，结合园区粮油标准化生产示范，统筹推进田网、路网、渠网、观光网、设施用地网、信息化网和技术服务网"七网"建设。

2. 农旅体验中心

项目选址骆市镇建通村，规模约150亩，建设时间2023—2024年。

子项目包括：果蔬采摘体验区、厨艺体验区、科普实践体验区、游戏拓展体验区。

3. 五湖山庄

玉帝五湖山庄坐落在东升镇玉帝村。园区核心园区200亩，项目投资2000万元，由营山县农牧专业合作社投资，建设时间2021—2022年。

游乐项目种类丰富多样，垂钓、捉鱼、划船、水上麻将、下棋、品茶、儿童游乐设施、VR电影、3D仿真射击等。

4.五湖山庄水上乐园

项目地址为东升镇玉帝村，规模约140亩，由营山县农牧专业合作社投资，建设时间2021—2022年。

五湖山庄水上乐园涵盖多种主题水上游乐项目，有海狮表演秀、电音之夜、水上大冲关、网红滑梯、冰雪城堡、网红摆摆桥、海盗船、托马斯小火车、儿童游泳区、大人游泳区等。

5.建通民宿

项目选址骆市镇建通村，规模约20亩，建设时间2023—2024年。

改造2~3家民房，采用"丘陵林盘发展"模式，打造成别具一格的民宿，供游客休憩。

6.玉帝温泉康养中心

项目规划在东升镇玉帝村，面积约45亩。已勘探出温泉资源，温度约46摄氏度，由营山县发展投资建设有限责任公司投资，建设时间2023—2024年。

围绕养眼、养身、养心、养性、养智"五养"产业，发展生态康养产业，打造面向本地人、成都人、大四川甚至整个大西部区域的养老康养和休闲度假胜地。

子项目：度假养生、瑜伽主题民宿、SPA、水疗、汗蒸、生态饮食、汤泉等。

六、小桥非遗产业功能园（白岩村）

1.草编艺术基地

在小桥镇白岩村规划建设草编艺术基地，面积约30亩，建设时间2021—2022年。

草编是我国民间比较流行的一种手工艺品，它是利用各种草进行编织的工艺品，做出来的东西方便实用，又有很好的环保价值。小桥镇是远近闻名的草编之乡，在这里，可以观赏草编工艺品、学习草编工艺等，感受草编艺术的魅力。

2.呷酒文化中心

在小桥镇白岩村规划建设呷酒文化展览馆，面积约50亩，建设时间2023—2024年。

逢年过节、亲友聚会、婚丧嫁娶时，这里的人会用呷酒款待来客。他们将酿制好的呷酒根据客人酒量大小装在酒罐里，然后往罐里倒入滚烫的白开水，并插上一根竹筒做吸管。呷酒醇香味浓，酽酽似蜜。我们要把颇具地方特色的小桥呷酒打造成特产品牌，将小桥镇打造成"呷酒之乡"，传承小桥呷酒这一古老的传统工艺。在园区内可种植高粱等，为制作呷酒提供原材料。

3.艺术交流中心

在小桥镇白岩村规划打造艺术交流中心，面积约30亩，建设时间2023—2024年。

在中心定期举办传统文化沙龙，邀请民间艺术家来此交流与座谈；让游人及艺术家体验草编、竹编、呷酒文化、进士文化等；举办草（竹）编艺术品比赛，打造与营销好小桥草编之乡的IP经济。

4.白岩寨休闲中心

项目地址小桥镇白岩村，面积约260亩，建设时间2022—2023年。

该项目定位以强化基础设施、打造生态旅游为核心，再辅以亲子旅游、乡村民宿、研学活动。项目内容有：乡村振兴，强化交通、水利基础设施建设；建立营山县青少年科普实训基地、营山县中小学研学活动基地、营山县乡村旅游优秀景区。

七、其他基地建设

1.生猪产业园

在骆市镇千佛村建设生猪产业园，面积约300亩，由四川省食品公司投资，建设时间2021—2022年。生猪粪污处理后的有机肥可用于园区其他基地。

子项目：循环种养片区。

2.油菜花观赏基地

在东升镇黄桷社区（原向坝村）建设油菜花观赏基地，面积约700亩，建设时间2021—2022年。连片的油菜花宛如金色的大海，在深蓝的天空下，与远山、村落人家相辉映，是一幅美丽的画卷。

在油菜花田间摆放具有艺术气息的雕像，用于游客拍照打卡；搭建可拆卸观景台，可俯瞰整个油菜花田；在油菜花田间修建观光小火车，游客可乘坐小火车观赏花田。

子项目：油菜花观赏区、五彩油菜、观景台。

3.粮油智能化管理基地

在骆市镇新华村建设粮油智能化管理基地，面积50亩，建设时间2022—2023年。

配套建设粮油全产业链数据管理平台，先进实用配套技术应用率80%，配置全高清网络摄像机对整个基地进行精细化监控。

配备粮油生产环境气象站、土壤墒情采集站、虫情测报灯等设备实时监测生长环境、粮油长势和田间管理情况，引领园区农业实现数字化、智能化发展。

子项目：资源回收利用中心、粮油全产业链数据管理平台、全程机械化+综合农事服务中心。

4.新品种示范推广基地

在骆市镇新华村建设新品种示范推广基地，面积约150亩，建设时间2021—2022年。

建设新品种示范推广基地，良种覆盖率100%，把具有代表性的、有特色的、适于当地种植的优新粮油作物品种聚集起来，集中展示。在作物生长最佳时期，基地将组织多种形式的观摩、评比、交流活动，集中开展新品种、新技术展示与宣传，形成集新品种、新技术、新景观为一体的现代农业发展模式，带动品种更新与特色品种推广，实现农业增效、农民增收。

5.稻田综合种养基地

在骆市镇游乐村（原和平村）、新华村（原永林村、原新华村）建设稻田综合种养基地，面积约3000亩，建设时间2022—2023年。

发展稻田综合种养，提高土地和水资源的利用率，充分发挥其共生互利的作用，从而获得水稻和鱼虾等双丰收，达到"一水两用、一地多收"的效果。

子项目：稻鱼、稻虾、稻泥鳅、稻黄鳝、稻鸭等的养殖。

6.东升湖观光区

在骆市镇温祖村（原牵牛村）建设东升湖观光区，面积约390亩，建设时间2023—2024年。

充分发挥东升湖（原盐井水库）得天独厚的生态环境优势，将其打造成集人文观光、亲水休闲、自然生态等功能于一体的湖水观光区，使之成为当地人、游客休闲游玩的好去处。利用现有沿河村落打造沿湖观光，方便游客在此停留游玩，也给当地村民带来收益。

子项目：垂钓基地、儿童水上乐园、水车、沿湖观光环线、生态食府。

7.神农百草园

在骆市镇沿码社区（原沿码村）、竹林社区（原打鼓村）建设神农百草园，规模约570亩，建设时间2022—2023年。

园区药材丰富，有黄金柚、芍药、太子参、丹参、枳壳等中草药。多种特色中药材不仅具有实用性，还具有观赏性。

还可开发观赏中药材花、观摩中药材生长过程、体验采摘中药材等子项目。

8.有机水稻种植基地

在骆市镇千佛村（原繁荣村）建设有机水稻种植基地，面积约600亩，由四川甘吉霖农业开发有限公司投资，建设时间2022—2023年。

有机水稻的种子，要选择抗逆性好（主要是抗病虫危害）、分叶力强、偏大穗、富营养、商品性好、优质米，适宜旱育苗、超稀植栽培模式的优良品种。有机水稻只能施入有机肥，如施饼肥、鸡粪（但必须腐熟、发酵）等，绝对不能施化肥；有机水稻必须采取洁水灌溉，不能用生活污水、工业用水灌田，还应做到单排单灌。

9.珍稀苗木基地

在骆市镇千佛村建设珍稀苗木基地，面积约400亩，建设时间2022—2023年。

基地主营绿化苗木的培育种植，如银杏、桢楠、广玉兰、香樟、白玉兰、水杉等。基地不仅可以供应苗木，还具有观赏价值。

八、道路建设及其他

1.观光环线——天府画卷公园大道

天府画卷公园大道两旁主要种植紫薇和三角梅，其他可搭配银杏、樱花、水杉等。园区大环线总长29.86公里，原有道路长8.31公里，部分道路（长8.06公里）在原道路宽度基础上拓宽为6米，加路基为7.6米宽，新建道路长13.49公里。副环线总长12.28公里，位置在繁荣村至千佛村路段。小环线总长24.88公里，分为朝阳小环线，长3.63公里；玉帝小环线，长9.32公里；沿码小环线，长5.06公里；白岩小环线，6.87公里。

小环线仅限村民自用车、农作物机械用车、园区工作用车进入。游客车辆仅能在园区大环线和乡道行驶，或可将车停到停车场，乘坐观光巴士、观光自行车、观光电瓶车游览。

2.滨河漫步道、停车场

（1）滨河漫步道

整治河道，沿河修建步行道。滨河漫步道总长约9.68公里，道路旁可种植紫薇、三角梅等景观树木。我们要将这里打造成一处休闲娱乐的好地方。例如，将灯光与河景相结合，打造河道夜景。

步道开发地址如下：

朝阳村—楼房村，新建步行道长约1700米，宽6米。

深井村—绣花村，新建步行道长约4740米，宽4.5米。

五包村—打鼓村（流江河段），新建步行道长约3240米，宽4.5米。

（2）生态停车场

为了保持规划区的步行交通方式和交通可达性，在每个核心区规划设置3个停车场，共设置9个生态停车场、1950个停车位，可接纳游客数量10000~15000人。

另外，园区沿线道路（省道）旁可划出停车位，避免社会车辆过于集中分布。

九、农业新业态

（一）休闲农业

将产业与休闲旅游结合，发展休闲农业与乡村旅游。坚持突出特色、错位发展，成片连线、集聚发展，示范带动、全域推进，构建旅游休闲型、商贸物流型、加工制造型、文化创意型、科技教育型等乡村产业新业态。提升建设园区综合能力，打造营山特色村落。在朝阳村打造集循环农业、创意农业、农事体验于一体的省级粮油现代农业园核心起步区。

打造农业企业、农民合作社、家庭农场等以农业经营为主体的体验观光区，以构建美丽新村、民俗文化、精品民宿旅游等多个支点。到2024年，建设粮油现代农业园区1个、综合性休闲农场（朝阳村）1个，还有稻田体验基地（制种基地、艺术稻田、稻草乐园、有机水稻种植、稻田综合种养基地、智能化管理基地、新品种示范推广基地、高标准农田示范基地）、采摘基地（蔬菜基地、水果基地）。推动粮油现代农业园区变景区、田园变公园、家园变花园、农房变客房、产品变商品，形成以农事体验、美食品鉴、民俗参与、田园文创、休闲养心、生态观光、运动康养、节会赛事、自驾露营、研学游行、赏花踏青为主题的休闲农业产品体系。

（二）农村电商

加快建设基于农业大数据的营山县粮油现代农业园区运营中心，提升完善"电商公共平台＋垂直平台＋本土平台"农村电子商务平台，实现农产品线上线下同步营销，到2023年电商销售额占比达30%以上。实施"互联网＋农业""互联网＋农村公共服务"行动，大力推动数字乡村运营场景落地。加快实施信息进村入户工程，到2024年益农信息社行政村覆盖率实现100%，商贸、供销、银行、物流与电商基本实现互联互通。

（三）农业服务

推进服务全县的农村社会化服务平台建设，坚持主体多元化、服务专业化、运行市场化、管理公司化思路，着力育主体、促整合、建机制，构建集信息、技术、生产、流通、金融、保险等服务于一体的农村社会化服务体系。搭建农村社会化服务平台，发挥技术集成、产业融合、创业平台、核心辐射作用，推进农村服务园区化、产业链条化、规模集群化发展，促进小农户生产和现代农业发展有机衔接，构建"县建中心＋乡镇建站＋村建点＋经营主体建示范基地"的农业社会化服务体系、"1+N"公共服务中心。

新型的农村社会化服务体系，包括技术服务、生产服务、供销服务、信贷、保险服务、信息咨询服务、医疗、社会福利、社会保障等各方面的服务。"1+N"公共服务中心：其中"1"指党群服务中心，"N"指的是便民服务中心、农民培训中心、文化体育中心、卫生室、综治调解中心、垃圾回收中心等服务体系。

十、质量品牌

（一）农产品可追溯体系

1.以生产商为主体建立追溯体系

在农产品的生产基地建立追溯信息录入系统，将产品的"田间履历"录入。上传的信息主要包括产品的产地、产品特性、检疫检验情况、出售环节等。

2.以销售商为主体建立追溯体系

在市场准入原则下，批发市场允许符合标准的农产品进入市场。农产品批发市场内部的销售商应将销售商在批发市场内部的编号、经营品种、摊位编号、商品价格等信息录入并上传到追溯平台，建立标准信息档案。

3.以加工商为主体建立追溯体系

在加工环节，加工商在监管部门的监督下对农产品进行筛选、分级、加工、包装、检测。各项环节都必须符合标准。将产品的加工工艺、包装、生产日期、物流仓储、检验情况等信息上传到追溯平台，建立标准信息档案。

4.以消费者为主体建立追溯体系

消费者为了保证消费的安全，需要查询产品信息。消费者可在批发市场内产品查询机器上，或者直接通过扫描二维码或条形码进入追溯系统了解产品的一系列信息，如可以了解到产品的产地、等级、检验结果、物流、储藏、各个环节的负责人等。

5.农产品质量安全追溯平台

建立一套完善的，能为粮油生产、加工、销售等环节提供全方位、一体化的技术及应用支撑的质量追溯管理平台，从食品源头到餐桌对整个链条中的每个环节进行实时检测。采用相关电子标签及RFID（射频识别）技术，对各生产流通环节信息进行自动识别，采集的数据集中备份至质检中心，为政府部门和企业提供所要追溯的基础数据。

园区内生产经营主体100%入驻省级、国家级追溯平台，所有产品附带达标合格证和追溯二维码。

（二）农产品质量安全体系

1）加强质量安全监管体系建设。产品要纳入省级农产品质量安全追溯系统监管，逐步制定完善的粮油规范化生产技术规程，与生产企业、专业合作社、生产大户签订严禁使用违禁农资的承诺书，严防违禁农资投入生产使用。农产品质量安全省级例行监测合格率高于全省同期平均水平。

2）加强质量安全检验、检测体系建设。健全质量安全检测机构，配套完善相关检测设备，抓好营山粮油及其产品的检测与监管，严格产业园区和销售市场的产品抽样检测，确保产地安全例行监测总体合格率达到95%以上。逐步推行市场准入制和质量安全可追溯制度。

（三）农产品品牌监管及创建

园区创建"营山贡米""营山沃香米""营山菜籽油""巴蜀农耕"等品牌，园区内全部粮油农产品争创"绿色食品无公害农产品认证"。

十一、创新方式

（一）科技创新

项目采用的科技创新有MAP技术服务、互联网与农业创新技术、智慧管理技术方式——互联网农场。

（二）改革创新

1.新型农业经营主体创新

专业大户、家庭农场：规模生产主体，职业农民中坚力量。

农民合作社：带动散户、组织大户（家庭农场）、对接企业、联结市场。

农业龙头企业：具有资金、技术、人才、设备等多方面优势，主要在产业链中更多承担农产品加工和市场营销的作用，并为农户提供产前、产中、产后的各类生产性服务。

2.农业产业化创新联合体

联合体中的龙头企业需要发挥自身优势，为家庭农场和农民合作社发展农业生产经营，提供贷款担保、资金垫付等服务。农民合作社内部，也可以稳妥开展信用合作和资金互助，缓解生产资金短缺难题。

整个农业产业化联合体内部，必须统一技术标准，严格控制生产加工过程，建设产品质量安全追溯系统，增强品牌意识，发展一村一品，一乡一业，培育特色农产品品牌。

3.联农带农利益联结机制创新

新型经营主体与农户建立合理分享全产业链增值收益联结机制，带动农户面达到80%以上，农民人均可支配收入高于全县平均水平的20%以上。

第四节　项目保障

一、农药、抗菌药污染方面

农药过量：残留的农药对生物的毒性称为农药残毒，而保留在土壤中则可能形成对土壤、大气及地下水的污染。

抗菌药过量：盲目地使用抗菌药追求经济利益，对消费群众、生态环境及其自身，都造成了严重的影响。

二、污水方面

园区部分使用一体化污水处理设备，经该设备处理的污水，水质达到国家污水处理综合排放标准一级B标准。生活用水取自城市自来水厂，灌溉用水取自项目内的水渠。生活用水后期进入一体化污水处理设备，处理后用于灌溉，不对周边环境造成污染及影响。

三、资源利用与能耗分析

1.农业废弃物资源分类

种植业废弃物（秸秆、蔬菜水果残体、果树花木枝条落叶果壳等）、养殖业废弃物（禽畜粪便、圈栏垫物、畜禽粪污无害化处理和资源化利用，防治畜禽渔养殖污染）、农副产品加工废弃物、生活废弃物（人粪尿、生活垃圾）。

2.农业废弃物资源利用

1）秸秆——电能、肥料。

2）蔬菜水果残体、果树花木枝条果壳——肥料。

3）禽畜粪便、垫物、人粪尿、蔬菜水果残体、秸秆——沼气、清洁能源。

4）秸秆、果树花木枝条、稻壳——人造纸板、轻质建材、活性炭、保温材料、陶瓷原料。

5）秸秆、稻壳、木材锯末、树皮、酒渣——基质原料。

6）废旧农膜、农药包装袋（瓶）的集中回收处理。

四、环保措施

1.大气环境治理措施

针对车辆的尾气排放要求加强管理。针对餐饮服务，调整能源结构。提高森林植被覆盖率。定期监测。

2.噪声环境治理措施

规划区内禁止车辆使用高音喇叭。控制新的噪声污染源。建筑进行隔音处理。在规划区域内种植密集植物。

3.生态农业

生态农业，是按照生态学原理和经济学原理，运用现代科学技术成果和现代管理手段，以及传统农业的有效经验建立起来的，能获得较高的经济效益、生态效益和社会效益的现代化高效农业。

4.水环境治理

针对水源保护应采取以下保护措施。

1）加强饮用水水源保护，建立水源保护区。坚决依法取缔排污口，禁止有毒有害物质进入水源，明确保护目标和管理责任，切实保障饮水安全。

2）加强供水水源周边的环境保护与监测。及时掌握农村饮用水水源环境状况，防止水源污染事故发生。制定饮用水水源保护区应急预案，强化水污染事故的预防和应急处理。

3）加强地下水资源的保护，开展地下水污染调查与监测。开展地下水水功能区划，制订保护规划，合理开发利用地下水资源。加强农村饮用水水质卫生监测、评估，掌握水质状况。

4）水生态净化系统。利用现状丰富水系，连通几条主要水渠，使之形成一条较为宽阔的水系空间，以满足生态净化的基本尺度需求。我们依据水系净化的流程，以滩涂生物栖息地、多水塘生态湿地净化器、梯池过滤溶氧等手法，协同完成自然渗透、综合净化、水质稳定的三大净化环节。

自然渗透：利用滩涂泥沙将水中的漂浮物、颗粒物等杂质过滤掉。

综合净化：在湿地进一步通过自然吸收、转换去除水中有害微物质，对水质进行全面净化。

水质稳定：梯池动水增氧、植物池综合等维护措施，从而保持净化后的水质不受再生污染。

后　　记

　　我出生在川东北一个偏远贫瘠的小山村。这个小山村以前是特困村，也是乡村振兴省级重点扶贫村。我从小在这里生活与学习，非常熟悉农村里的水稻、玉米、堰塘、果树、田藕、四季豆、丝瓜、黄鳝、泥鳅等，它们印在我的生命里，刻骨铭心。从事产业规划策划后的这些年，我总想为家乡做点什么，以表达内心对家乡的感激和敬意。

　　我小时候经常在家帮姑姑割草，帮祖母担水、采摘果蔬，在小河里快活地抓鱼，有时候还会帮大人栽些小树苗。家乡金竹桥的溪水涨涨落落，山里的四季交替变换，小溪中的鱼儿游来游去，打鱼人背着巴篓和竹编渔网走在河堤上，村里的老人常常给我讲打鱼的故事……这些常让我陷入沉思与遐想。五十多年过去了，堰塘变成了鱼塘，荒山变成了果园，田野变成了中药材基地，原生产队的晒坝变成了民宿，用来接待来此休闲娱乐的城里人，也有不少农户迁移到公路边或城里。无论你走向何方，居在何处，家乡是始终让人难以割舍的。每次回家乡我都会想去看看曾经走过的小路、抓过鱼的小河、爬过的土坡、亲手栽种的树。我们感恩家乡的人、家乡的每一寸土地和每一棵树。我们希望家乡发展得更好更美。

　　为了做好乡村振兴规划、产业策划布局，我这十多年走访调研了西南地区几十个县、乡、村。从成都平原到民族地区、盆周山区、丘陵地区，我翻山越岭，山一程、水一程地实地勘察，搜集各地60岁以上的老农及党员、干部、村民代表等对农村发展的想法。在做乡村振兴项目规划时，我们力争做到在根植本土实际的基础上，运用创新思维，为乡村发展做点贡献。本书是我十多年来规划乡村振兴案例的精选集。

　　经过近三年的搜集整理并多次讨论修改，在课题组的共同努力下，本书终于要付梓。回顾编著的过程，我们感慨万千。本书在编撰过程中，得到盛毅、陈国阶、韩冰、杨彪、冯平、吕秀兰、周正英等专家的精心指导。在产业项目编制过程中，得到魏玉明、张贵华、韦燕伟、王永祥、赵九洲、胡永兴、唐永川、孙红剑、陈新、景安荣、蒲小蓉、杨佳、陈伟、王建勋、吴利民、刘念、肖容彬、肖宏民、陈志凌等人的大力支持与帮助。正是他们不断地修改与完善，才使得本书能顺利出版。西南交大林荣对于本书的内容完善也给予了帮助。金锋、张嘉夫、崔博男、杨勇、周丹等做了现场调研、实地踏勘、座谈交流、选题研判、问题探讨、文案成册等工作。罗庆、曾维巍、朱春华、周君对本书内容的把关、图例制作、项目概算等做了大量而卓有成效的工作。翟金玉女士在组稿、汇总、编撰过程中付出了较多心血。在此一并表示由衷的感谢。

　　由于学识有限，本书难免存在纰漏，希望读者批评指正。

笔　者

2022 年 5 月